国家自然科学基金资助项目（批准号：51508298）

中国博士后科学基金特别资助项目（批准号：2015T80091）

贵州山地民族聚落研究丛书
Research Series on Mountainous Minorities Settlements in Guizhou

贵州扁担山—白水河地区布依族聚落调查研究

Survey and Study on Buyi Settlements in Biandan Mountain–Baishui River Valley, Guizhou

周政旭　封基铖　等著

中国建筑工业出版社

图书在版编目（CIP）数据

贵州扁担山—白水河地区布依族聚落调查研究 / 周政旭
等著. —北京：中国建筑工业出版社，2016.8
（贵州山地民族聚落研究丛书）
ISBN 978-7-112-19518-3

Ⅰ.①贵… Ⅱ.①周… Ⅲ.①布依族-聚落环境-调查
研究-贵州省 Ⅳ.①TU241.4

中国版本图书馆CIP数据核字（2016）第136961号

　　本书分上下两篇。上篇是"扁担山—白水河"地区典型布依聚落的调查测绘图集，将该地区聚落特色从河谷区域、聚落、组团、建筑民居、材料细部五个尺度加以呈现。下篇是针对该地区聚落的系列研究，分别从聚落在河谷区域的分布、聚落空间形态、聚落生态系统、聚落公共空间、聚落防御体系、民居建筑六个方面加以专题讨论。

责任编辑：徐晓飞　张　明
责任校对：王宇枢　李美娜

贵州山地民族聚落研究丛书
贵州扁担山—白水河地区布依族聚落调查研究
周政旭　封基铖　等著
*
中国建筑工业出版社出版、发行（北京海淀三里河路9号）
各地新华书店、建筑书店经销
北京锋尚制版有限公司制版
北京中科印刷有限公司印刷
*
开本：787×1092毫米　1/16　印张：9¾　插页：40　字数：288千字
2018年6月第一版　2018年6月第一次印刷
定价：78.00元
ISBN 978-7-112-19518-3
（29030）

版权所有　翻印必究
如有印装质量问题，可寄本社退换
（邮政编码　100037）

本书贡献者

测绘：周政旭　封基铖　刘加维　罗亚文　王训迪　李修竹　卢玉洁　程思佳　刘志强
　　　刘玮琪　许　潮
研究：周政旭　罗亚文　刘加维　王训迪　程思佳　卢玉洁　李修竹　刘纾萌

支持：胡　杰　郭　灏　熊　杰　岑元林　程　盟　曾宪民
特别支持：钱　云　董立军　李顺安

前　言

　　贵州位于中国西南，地处云贵高原东部，是全国唯一没有平原支撑的省份。全省平均海拔为1100米左右，山地与丘陵面积占全省面积的92.5%，是典型的"山地省"。同时，贵州是一个少数民族聚居的省份，是最富于民族特色的省份之一。数千年以来，少数民族的祖先陆续从周边迁徙到贵州，从事农耕或者半游牧生产，并以村寨、部落的方式逐渐定居下来。由于地形富于变化、山川阻隔影响较大，同时历史上长期游离于中央行政管辖之外，因此各民族在迁徙与定居的过程中，形成了"大杂居、小聚居"的分布状态，并形成、发展和保留了各自独特的民族文化。时至今日，贵州省世代居住有苗、侗、布依、仡佬等17个少数民族，各少数民族文化千姿百态，多元共生。

　　在此背景下，贵州形成了诸多丰富多彩的山地聚落。截至2014年，在住房和城乡建设部、文化部等多部门联合公布的3批共2555个中国传统村落名录中，贵州省共426个村落名列其中，占到全国的约17%。而这426个村落，基本都是山地聚落的典型代表。此外，遍及全省还有为数众多、各具特色的山地聚落。它们植根当地，适应自然，巧妙地解决了人在山地严苛的生存压力之下的聚居问题，并且发育出各具特色的民族特色，具有十分重要的历史价值、文化价值。同时，山地聚落特色的保护与发展，能够对当地人居改善、旅游发展起到积极作用，进而有效提高当地农民收入水平，是贵州这个典型贫困山区贫困空间治理的重要方面之一。

　　可惜的是，很多聚落的独特价值却很少被外人所认识，甚至不为当地民众所理解。在城镇化、工业化、全球化的狂飙突进中，一些聚落正在受到极为严峻的外部与内部挑战，特色正在消失，"千城一面"的悲剧正在村庄重演。

出于深入挖掘山地民族聚落独特价值的考虑，在清华大学吴良镛、朱文一、吴唯佳诸老师的指导与帮助下，我在博士后阶段开始对山地民族聚落形成与演变的历史过程系统开展研究，在民族志文本与聚落真实空间中发掘材料，从散见的线索出发努力构建其历史图景。从源头出发，以筚路蓝缕营建家园的当地先民的视角，当能悟出更多的智慧，亦能为今日之聚落发展、特色存续提供更多借鉴。

在此过程中，我们也深深感到这些区域基础研究资料的匮乏。不仅历史资料欠缺，连当前聚落的空间资料亦极不完整。不过还好，从"田野"中亲手发掘一手材料尽管辛苦，却是一件让人兴奋的事情。于是，在完成《形成与演变：从文本与空间中探索聚落营建史》书稿之后，我们作了一个小小的"田野"计划，近年内每个夏天选择一处典型的民族聚居区域，以建筑学、人类学、社会学等多学科融合的视角，从区域、聚落、组团、建筑等多层次开展人居环境调查研究活动。每调研一个区域，则整理形成基础资料，并从多专题加以深入研究，以系统地梳理、提炼其价值。

本书即是我们首次"田野"——布依族典型聚居的黔中"扁担山—白水河"地区——的研究成果。上篇主要是对该区域以及8个典型聚落的调研测绘，参与者有周政旭、封基铖、刘加维、罗亚文、王训迪、李修竹、卢玉洁、程思佳、刘志强、刘玮琪、许潮等同志。下篇分别从聚落在河谷区域的分布、聚落空间形态、聚落生态系统、公共空间、防御系统、民居建筑六个方面进行了专题研究，参与者为周政旭、罗亚文、刘加维、王训迪、程思佳、卢玉洁、李修竹、刘纾萌，且各专题作者标于各章之前。各专题亦有小文章陆续发表于各期刊，但限于篇幅多有删改，且难免有割裂不能得乎全貌之憾。今将图集与完整的各专题研究文稿整合一体出版，希望能尽可能全面地展现这片聚落的人民环境状况，以期读者批评指正。

　　本书是"贵州山地民族聚落研究系列"的第二本。本系列研究基于清华大学建筑与城市研究所、贵州省住房和城乡建设厅合作搭建的"贵州省'四在农家·美丽乡村'人居环境整治示范项目"平台。研究受国家自然科学基金资助项目（批准号：51508298）、中国博士后科学基金特别资助项目（批准号：2015T80091）资助。

周政旭

目录

前　言

上篇　调研测绘

河谷 002

高荡村 009

革老坟村 026

布依朗村 032

孔马村 036

关口村 042

大洋溪村 046

殷家庄村 050

果寨村 056

专题图集 060

下篇　专题研究

1　河谷聚落分布规律研究

1.1　研究区域概况及数据来源 086

　　1.1.1　研究区域概况 086

　　1.1.2　数据来源 088

　　1.1.3　研究重点 088

1.2　村寨特征 088

　　1.2.1　村庄分布 089

　　1.2.2　村寨规模 090

1.3　村寨与山体、水系、田地及道路关系 092

　　1.3.1　村寨与山体的关系 092

　　1.3.2　村寨与河流的关系 096

　　1.3.3　村寨与田地的关系 098

　　1.3.4　村寨与道路的关系 100

1.4　结论与建议 103

2 聚落空间形态研究

2.1 引言：面临的生存压力 110
2.1.1 可耕地资源匮乏 110
2.1.2 地质灾害多发 110
2.1.3 战乱频仍 111

2.2 河谷层面的选址考量及聚落分布特点 111
2.2.1 聚落选址 112
2.2.2 聚落分布 113
2.2.3 聚落规模 114

2.3 聚落营建的"生存逻辑"及其理想空间格局 115
2.3.1 聚落空间的构成要素 115
2.3.2 聚落营建的"生存逻辑" 116
2.3.3 "山—水—林—田—村"理想空间格局 117

2.4 聚落空间形态类型划分 118
2.4.1 环锥峰型 119
2.4.2 依屏山型 120
2.4.3 支流小盆地型 121

2.5 各类型聚落空间形态特点 123
2.5.1 村庄与田的关系 123
2.5.2 村庄与水的关系 123
2.5.3 村庄与林的关系 125
2.5.4 寨墙、"坉"等防御设施 125
2.5.5 聚落空间形态特点小结 126

2.6 结论与讨论 127

3 聚落人居生态系统研究

3.1 引言 133

3.2 白水河河谷生态系统与布依族聚落 133
3.2.1 河谷地形地貌与生态系统 133
3.2.2 河谷布依族聚落 134

3.3 白水河河谷人居生态系统的垂直特征与生态功能 136
3.3.1 山腰至山顶：山林涵养带 137
3.3.2 村落与山林之间的过渡区 138

　　　　3.3.3　山脚至山腰：村落聚居带 —————— 139

　　　　3.3.4　村落与稻田之间的过渡区 —————— 141

　　　　3.3.5　河谷坝子：水稻种植带 —————— 142

　　3.4　喀斯特山地河谷人居生态系统垂直循环过程 —————— 143

　　3.5　结论与讨论 —————— 145

4　聚落公共空间研究

　　4.1　引言 —————— 151

　　4.2　布依族聚落公共空间的影响因素 —————— 152

　　　　4.2.1　自然山水基底 —————— 152

　　　　4.2.2　民族文化背景 —————— 153

　　　　4.2.3　战乱等特殊历史阶段的影响 —————— 153

　　4.3　布依族聚落公共空间的类型 —————— 154

　　　　4.3.1　集会与交流空间 —————— 154

　　　　4.3.2　仪式空间 —————— 157

　　　　4.3.3　防卫空间 —————— 160

　　　　4.3.4　交通空间 —————— 164

　　4.4　布依族聚落公共空间的组合方式 —————— 165

　　　　4.4.1　线性序列型 —————— 165

　　　　4.4.2　中心汇聚型 —————— 167

　　　　4.4.3　格网节点型 —————— 168

　　　　4.4.4　区域扩展型 —————— 169

　　4.5　结论与讨论 —————— 170

　　　　4.5.1　依据山形地势，类型多样，层次丰富 —————— 170

　　　　4.5.2　承载生产、交流、仪式等活动，形成复合的山地公共空间 —————— 170

　　　　4.5.3　注重军事作用，体现防御功能 —————— 171

　　　　4.5.4　运用地方材料，体现地域特色 —————— 171

5　聚落防御体系研究

　　5.1　历史背景：屯堡进驻与战乱袭扰 —————— 178

　　　　5.1.1　明朝屯堡进驻 —————— 178

　　　　5.1.2　清朝多次战乱袭扰 —————— 179

　　5.2　山水基底与聚落选址考量 —————— 180

5.2.1 山水基底：喀斯特山地河谷地带 ⋯⋯⋯⋯ 180

5.2.2 区域层面的选址考量：山水屏障、隐蔽难至、内有洞天 ⋯⋯⋯⋯ 182

5.2.3 聚落层面的选址考量：平时便于耕作、乱时利于退守 ⋯⋯⋯⋯ 183

5.3 空间防御要素分析 ⋯⋯⋯⋯ 185

5.3.1 寨墙 ⋯⋯⋯⋯ 185

5.3.2 民居 ⋯⋯⋯⋯ 187

5.3.3 街巷以及多重寨门 ⋯⋯⋯⋯ 187

5.3.4 作为最后退守堡垒的"坉" ⋯⋯⋯⋯ 188

5.4 防御体系类型划分 ⋯⋯⋯⋯ 190

5.4.1 坉在村中，圈层防御型 ⋯⋯⋯⋯ 190

5.4.2 坉在村外，据险退守型 ⋯⋯⋯⋯ 192

5.4.3 一村多坉，复合防御型 ⋯⋯⋯⋯ 192

5.4.4 "村在坉中"，区域防御型 ⋯⋯⋯⋯ 193

5.5 结论与讨论 ⋯⋯⋯⋯ 195

6 民居建筑研究

6.1 聚落建筑群体特征 ⋯⋯⋯⋯ 202

6.1.1 依山就势的有机布局 ⋯⋯⋯⋯ 202

6.1.2 就地取材的石头村寨 ⋯⋯⋯⋯ 202

6.2 民居建筑基本形制 ⋯⋯⋯⋯ 203

6.2.1 竖向空间格局 ⋯⋯⋯⋯ 203

6.2.2 平面基本布局形式 ⋯⋯⋯⋯ 204

6.2.3 立面基本形式 ⋯⋯⋯⋯ 206

6.2.4 屋架结构 ⋯⋯⋯⋯ 208

6.3 民居建筑衍生形制 ⋯⋯⋯⋯ 209

6.3.1 平面衍生布局形式 ⋯⋯⋯⋯ 209

6.3.2 立面衍生形式 ⋯⋯⋯⋯ 213

6.3.3 屋架衍生类型 ⋯⋯⋯⋯ 214

6.4 建筑细部与装饰 ⋯⋯⋯⋯ 215

6.5 结论 ⋯⋯⋯⋯ 217

后 记 ⋯⋯⋯⋯ 221

上篇

调研测绘

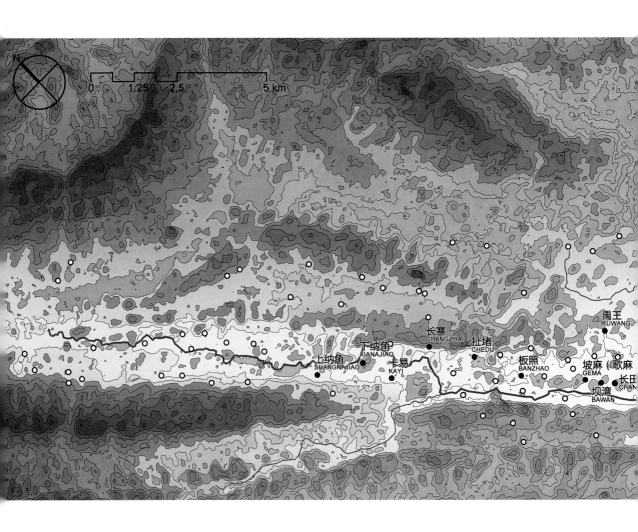

四十八大寨寨名如下：

盔林甲、三岔弯（山岔湾）、殷家庄、油寨、王安寨（王安庄）、水西庄、王山寨（王三寨）、大洋溪、石头寨、偏坡、普叉、棉寨、小抵拱、老抵拱、花乜、三甲寨、下洞、上洞、补里（普里）、凹子寨、坡孝、关口、孔马、保嘎（保夏）、红运、布依朗（播以郎）、坡桑、革老坟（亿佬坟）、洞口、翁寨、坝右（坝又）、黄土、木趒（木档）、尾革、坪寨（平寨）、可布、卡棒、革拱、板照、扯堵、长田、坝湾、长寨、坡麻（歌麻）、禹王、卡易、上纳角、下纳角。

——贵州省编辑组.布依族社会历史调查［M］.北京：民族出版社，2009.

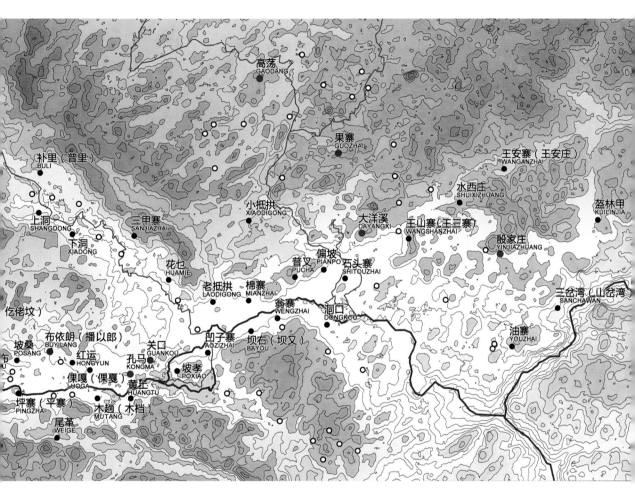

高荡
GAODANG

果寨
GUOZHAI

王安寨（王安庄）
WANGANZHAI

补里（普里）
BULI

水西庄
SHUIXIZHUANG

盔林甲
KUILINJIA

小抵拱
XIAODIGONG

大洋溪
DAYANGXI

壬山寨（壬三寨）
WANGSHANZHAI

上洞
SHANGDONG

三甲寨
SANJIAZHAI

殷家庄
YINJIAZHUANG

下洞
XIADONG

花仡
HUAMIE

普叉
PUCHA

偏坡
PIANPO

石头寨
SHITOUZHAI

三岔湾（山岔湾
SANCHAWAN

仡佬坟
LAODIGONG

老抵拱
LAODIGONG

棉寨
MIANZHAI

翁寨
WENGZHAI

洞口
DONGKOU

油寨
YOUZHAI

坡桑
POSANG

布依朗（播以郎）
BUYILANG

关口
GUANKOU

凹子寨
AOZIZHAI

坝右（坝又）
BAYOU

红运
HONGYUN

孔马
KONGMA

坡孝
POXIAO

果嘎（倮戛）
LUOGA

黄土
HUANGTU

坪寨（平寨）
PINGZHAI

木趟（木档）
MUTANG

尾革
WEIGE

白水河流域布依族聚落分布 ｜Distribution of Buyi Villages in Baishui River Valley

● 8个调研测绘村寨 ｜8 Villages Surveyed and Mapped

● 48个布依族大寨 ｜48 Big Buyi Villages

○ 其他布依族村寨 ｜Other Buyi Villages

河谷 ｜THE VALLEY

003

白水河谷照片 | Photos of Baishui River Valley

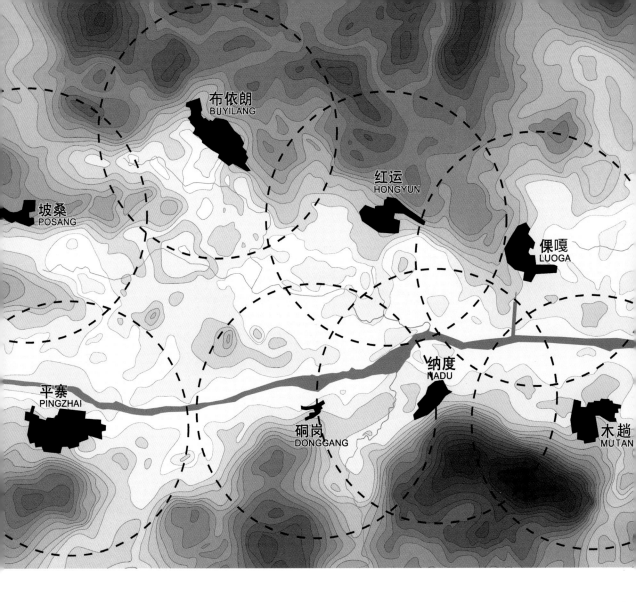

布依朗
BUYILANG

红运
HONGYUN

坡桑
POSANG

倮嘎
LUOGA

平寨
PINGZHAI

纳度
NADU

硐岗
DONGGANG

木趟
MUTAN

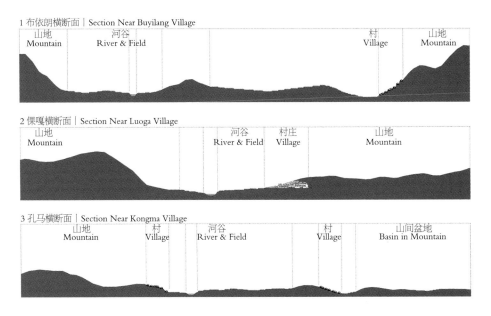

1 布依朗横断面 | Section Near Buyilang Village

| 山地 Mountain | 河谷 River & Field | | | 村 Village | 山地 Mountain |

2 倮嘎横断面 | Section Near Luoga Village

| 山地 Mountain | | 河谷 River & Field | 村庄 Village | 山地 Mountain |

3 孔马横断面 | Section Near Kongma Village

| 山地 Mountain | 村 Village | 河谷 River & Field | | 村 Village | 山间盆地 Basin in Mountain |

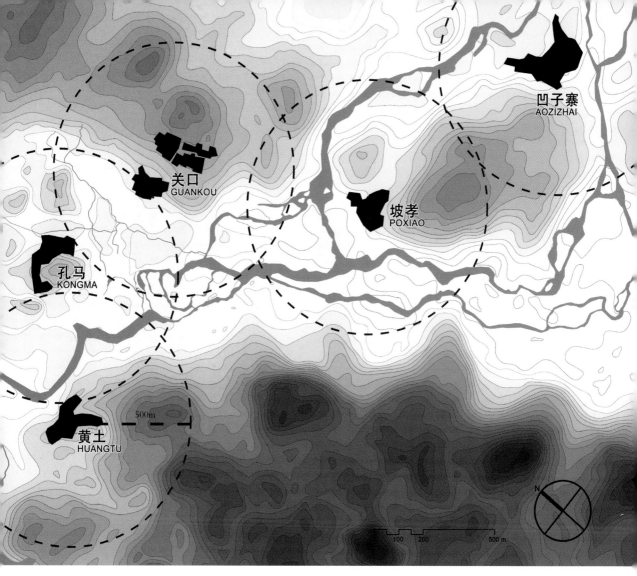

關口
GUANKOU

坡孝
POXIAO

凹子寨
AOZIZHAI

孔马
KONGMA

黄土
HUANGTU

500m

100 200 500 m

N

河谷中段聚落分布 | Distribution of Villages in Middle of the Valley

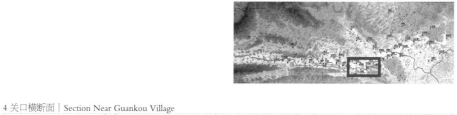

4 关口横断面 | Section Near Guankou Village

山地 Mountain		河谷地带 River & Field		村 Village	山地 Mountain

5 坡孝横断面 | Section Near Poxiao Village

山地 Mountain		河谷地带 River & Field		村 Village	山地 Mountain

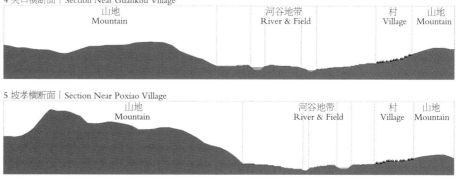

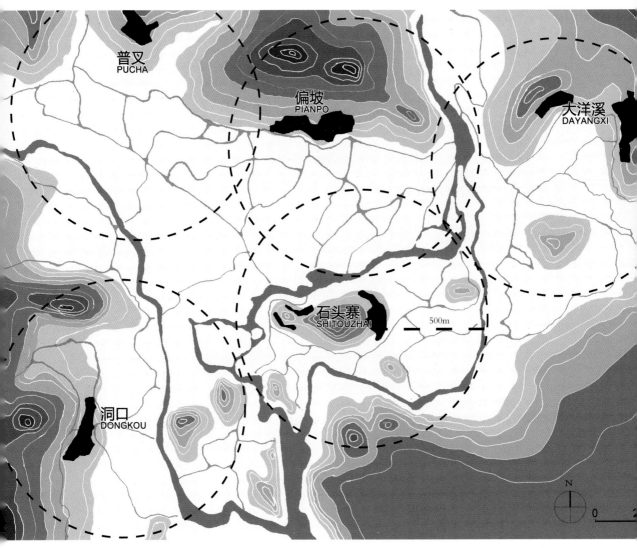

普叉
PUCHA

偏坡
PIANPO

大洋溪
DAYANGXI

石头寨
SHITOUZHAI

500m

洞口
DONGKOU

N

0

河谷末段聚落分布 | Distribution of Villages in End of the Valley

高荡村 | GAODANG VILLAGE

区位：贵州省安顺市镇宁县城关镇西北

海拔：约1200~1300m

坐标：北纬26° 04'，东经105° 41'

民族：布依族

人口：约900人

语言：布依语、汉语

第二批全国传统村落

中国少数民族特色村寨

贵州省省级文物保护单位

    高荡村位于安顺市镇宁县城西南，属于布依族第三土语区，建筑风貌保存完整，民族文化积淀厚重。村寨坐落于山间盆地之中，背山面田，四面峰丛起伏，梭罗河绕寨而过，形成理想的山地聚落空间格局。高荡村有着品质优良的公共空间体系，其寨前广场选址尺度宜人、界面完整、功能复合，成为村寨中最富生机的空间；村寨历史上曾具备较为完善的防御体系，现存的大小营盘为重要的防御设施，两者互成犄角之势，遥相呼应，以提升聚落防御的有效性和主动性；村寨内的古建筑群始建于明朝，至今仍保存着数量可观的民居、寨门、古井等构筑物，形成极富特色的布依民居建筑群体。高荡村的布依族人世代以农耕为生，而且历来崇学尚智、尊师重教，以耕读传家，泽及后代。

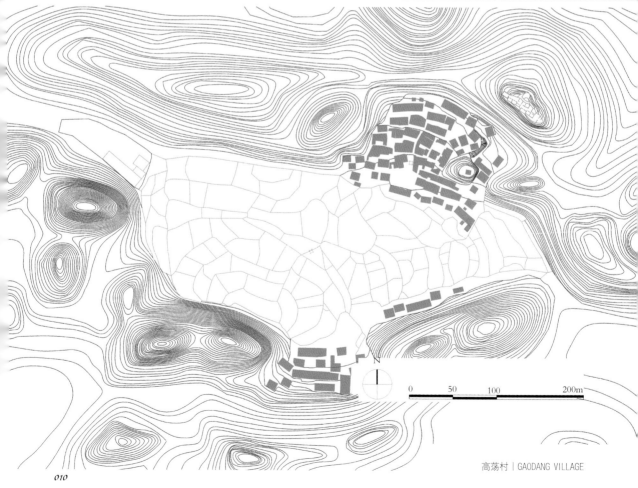

高荡村 | GAODANG VILLAGE

广场展开立面图 | Facade around Plaza

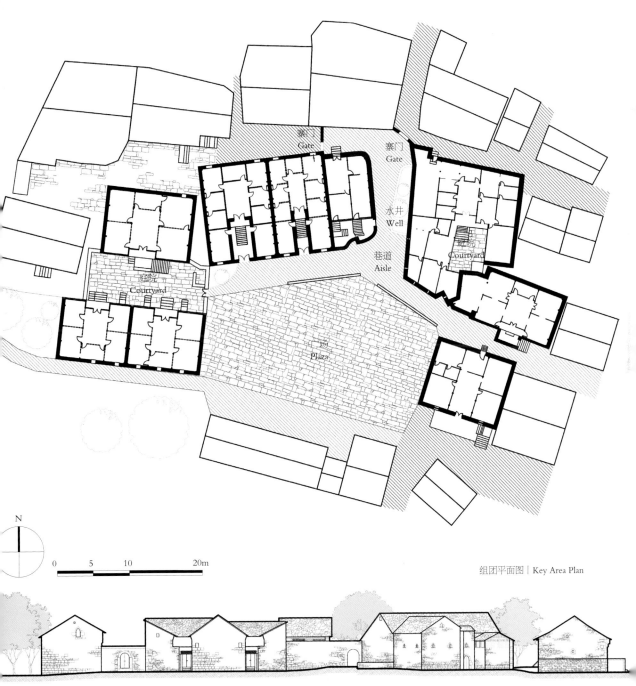

寨门
Gate

寨门
Gate

水井
Well

巷道
Aisle

庭院
Courtyard

庭院
Courtyard

广场
Plaza

N

0　　5　　10　　　20m

组团平面图 | Key Area Plan

组团立面图 | Key Area Facade

高荡村　公共空间 | PUBLIC SPACE OF GAODANG VILLAGE

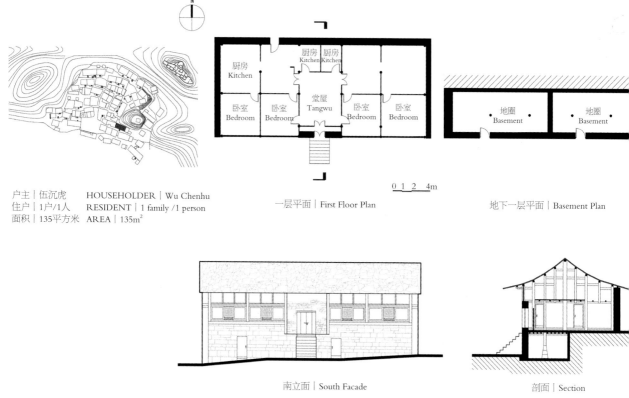

户主｜伍沉虎　　HOUSEHOLDER｜Wu Chenhu
住户｜1户/1人　　RESIDENT｜1 family /1 person
面积｜135平方米　AREA｜135m²

一层平面｜First Floor Plan

0 1 2　4m

地下一层平面｜Basement Plan

厨房 Kitchen
厨房 Kitchen | 厨房 Kitchen
卧室 Bedroom
卧室 Bedroom
堂屋 Tangwu
卧室 Bedroom
卧室 Bedroom

地圈 Basement
地圈 Basement

南立面｜South Facade

剖面｜Section

高荡村　伍沉虎宅｜WU CHENHU'S HOUSE, GAODANG VILLAGE

户主 | 伍玉、伍泽辉　　HOUSEHOLDER | Wu Yu&Wu Zehui
住户 | 2户/2人　　　　RESIDENT | 2 families /2 persons
面积 | 254平方米　　　AREA | 254m²

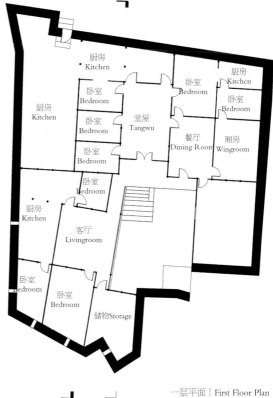

一层平面 | First Floor Plan

高荡村　伍玉、伍泽辉宅 | WU YU & WU ZEHUI'S HOUSE, GAODANG VILLAGE

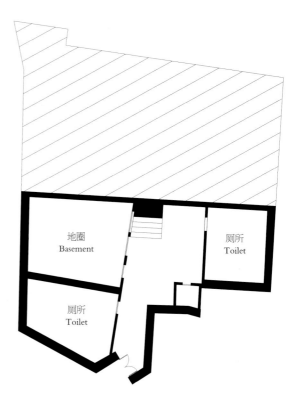

地下一层平面 | Basement Plan

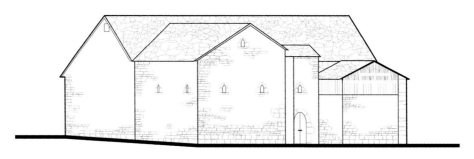

南立面 | South Facade

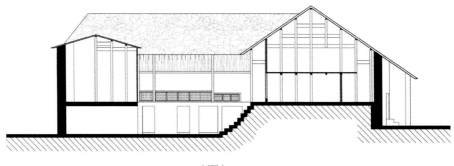

剖面 | Section

高荡村　伍玉、伍泽辉宅 | WU YU & WU ZEHUI'S HOUSE, GAODANG VILLAGE

户主｜伍国超　　HOUSEHOLDER｜Wu Guochao
住户｜1户/2人　RESIDENT｜1 family /2 persons
面积｜273平方米　AREA｜273m²

卧室
Bedroom

厨房
kitchen

堂屋
Tangwu

卧室
Bedroom

卧室
Bedroom

庭院
Courtyard

卧室
Bedroom

卧室
Bedroom

卧室
Bedroom

卧室
Bedroom

堂屋
Tangwu

堂屋
Tangwu

厨房
kitchen

卧室
Bedroom

卧室
Bedroom

卧室
Bedroom

0 1 2　4m

一层平面｜First Floor Plan

高荡村　伍国超宅｜WU GUOCHAO'S HOUSE, GAODANG VILLAGE

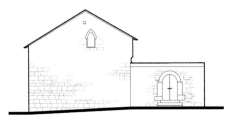

南侧建筑东立面 | East Facade of Southern Building

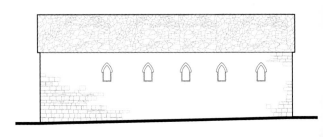

南侧建筑南立面 | South Facade of Southern Building

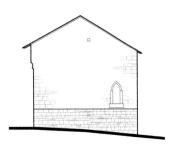

南侧建筑西立面 | West Facade of Southern Building

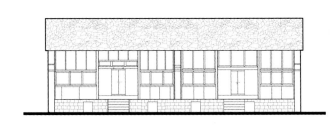

南侧建筑北立面 | North Facade of Southern Building

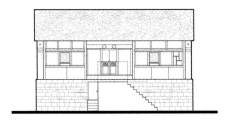

北侧建筑南立面 | South Facade of Northern Building

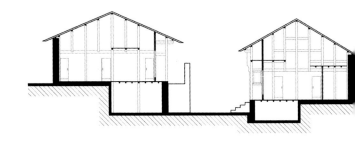

剖面 | Section

高荡村　伍国超宅 | WU GUOCHAO'S HOUSE, GAODANG VILLAGE

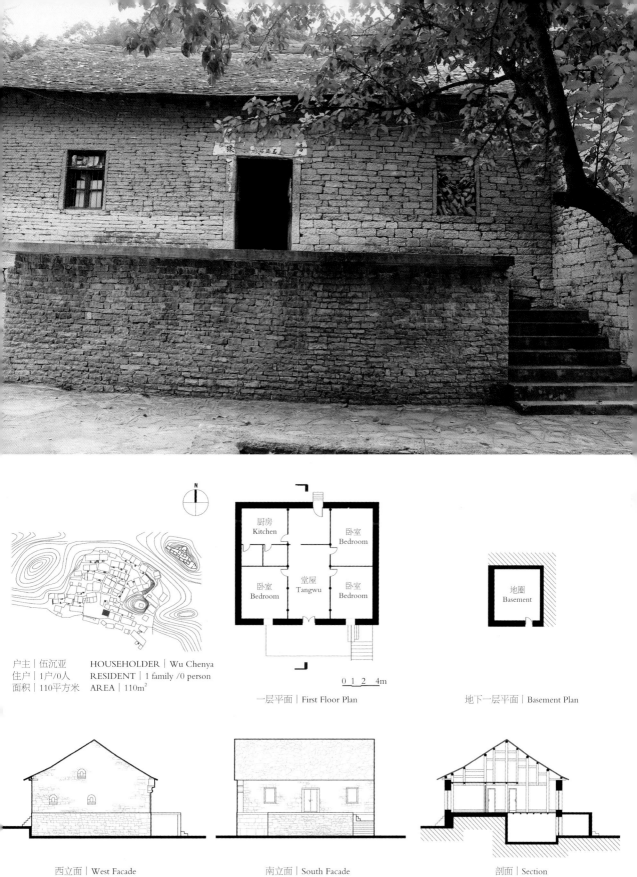

户主｜伍沉亚 HOUSEHOLDER｜Wu Chenya
住户｜1户/0人 RESIDENT｜1 family /0 person
面积｜110平方米 AREA｜110m²

厨房 Kitchen
卧室 Bedroom
卧室 Bedroom
堂屋 Tangwu
卧室 Bedroom

地圈 Basement

0 1 2 4m

一层平面｜First Floor Plan

地下一层平面｜Basement Plan

西立面｜West Facade

南立面｜South Facade

剖面｜Section

高荡村　伍沉亚宅｜WU CHENYA'S HOUSE, GAODANG VILLAGE

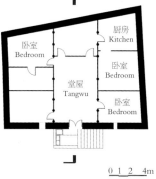

一层平面 | First Floor Plan

0 1 2　4m

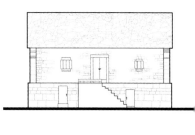

南立面 | South Facade

户主 | 伍德锐
住户 | 1户/2人
面积 | 100平方米

HOUSEHOLDER | Wu Derui
RESIDENT | 1 family /2 persons
AREA | 100m²

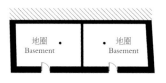

地下一层平面 | Basement Plan

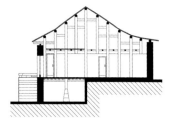

剖面 | Section

高荡村　伍德锐宅 | WU DERUI'S HOUSE, GAODANG VILLAGE

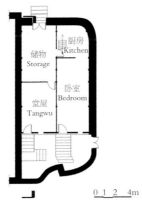

户主 | 伍小貂　HOUSEHOLDER | Wu Xiaodiao
住户 | 2户/3人　RESIDENT | 2 families /3 persons
面积 | 58平方米　AREA | 58m²

0 1 2　4m

一层平面 | First Floor Plan

二层平面 | Second Floor Plan

储物 Storage
厨房 Kitchen
卧室 Bedroom
堂屋 Tangwu

储物 Storage
储物 Storage
卧室 Bedroom

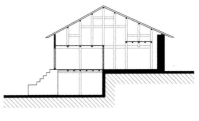

东立面 | East Facade

南立面 | South Facade

剖面 | Section

高荡村　伍小貂宅 | WU XIAODIAO'S HOUSE, GAODANG VILLAGE

户主 | 伍泽鹏
住户 | 1户/2人
面积 | 124平方米

HOUSEHOLDER | Wu Zepeng
RESIDENT | 1 family /2 persons
AREA | 124m²

储物 Storage		厨房 Kitchen
堂屋 Tangwu		
卧室 Bedroom		卧室 Bedroom
卧室 Bedroom		卧室 Bedroom

0 1 2　4m

一层平面 | First Floor Plan

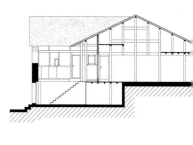

剖面 | Section

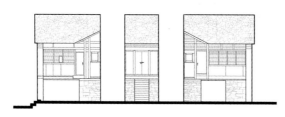

内立面展开图 | Internal Facade

南立面 | South Facade

高荡村　伍泽鹏宅 | WU ZEPENG'S HOUSE, GAODANG VILLAGE

一层平面 | First Floor Plan

0 1 2 4m

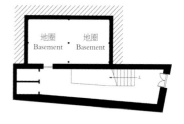

地下一层平面 | Basement Plan

主 | 伍忠仕　HOUSEHOLDER | Wu Zhongshi
户 | 1户/0入　RESIDENT | 1 family/0 person
积 | 107平方米　AREA | 107m²

东立面 | East Facade

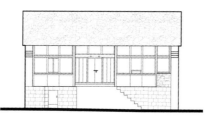

南立面 | South Facade

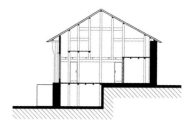

剖面 | Section

高荡村　伍忠仕宅 | WU ZHONGSHI'S HOUSE, GAODANG VILLAGE

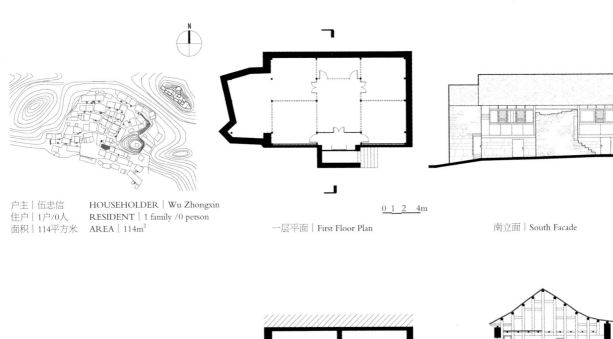

户主	伍忠信	HOUSEHOLDER	Wu Zhongxin
住户	1户/0人	RESIDENT	1 family /0 person
面积	114平方米	AREA	114m²

一层平面｜First Floor Plan

南立面｜South Facade

0 1 2 4m

地圈 Basement

地圈 Basement

地下一层平面｜Basement Plan

剖面｜Section

高荡村　伍忠信宅｜WU ZHONGXIN'S HOUSE, GAODANG VILLAGE

平面 | Plan

模型 | Model

高荡村　大屯营盘 | DA TUN, GAODANG VILLAGE

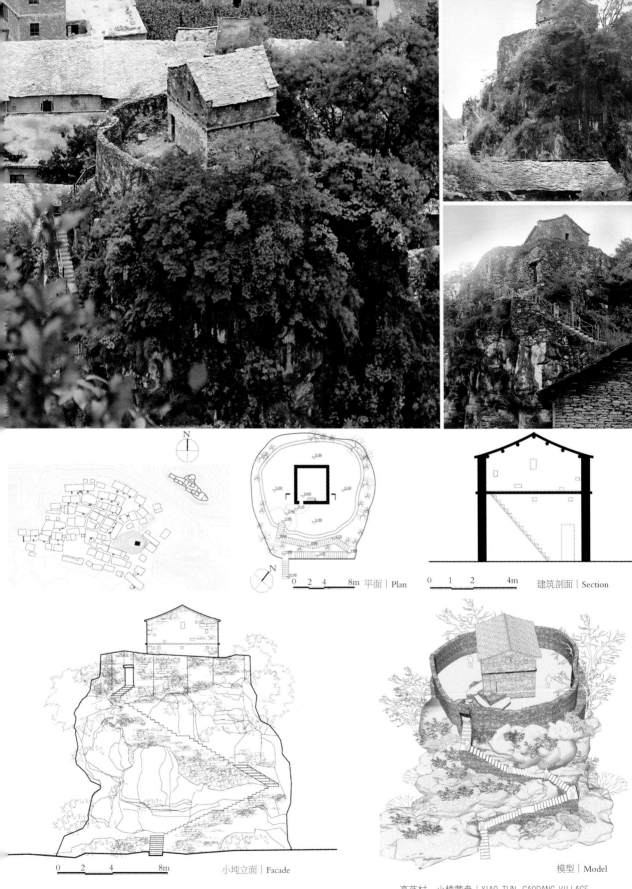

0 2 4 8m 平面 | Plan

0 1 2 4m 建筑剖面 | Section

0 2 4 8m 小坉立面 | Facade

模型 | Model

高荡村 小坉营盘 | XIAO TUN, GAODANG VILLAGE

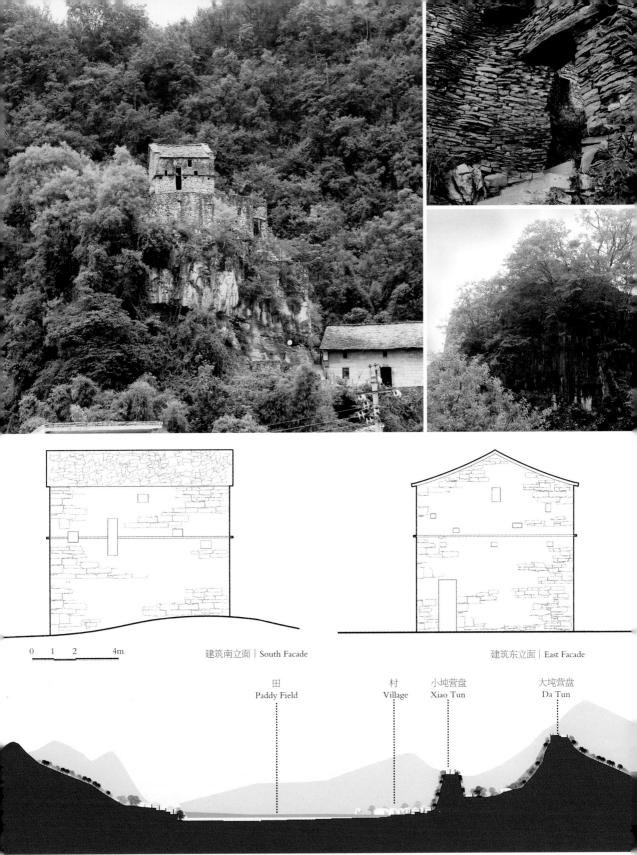

0 1 2   4m

建筑南立面 | South Facade

建筑东立面 | East Facade

田
Paddy Field

村
Village

小坉营盘
Xiao Tun

大坉营盘
Da Tun

高荡村剖面 | Section of Gaodang Village

高荡村　小营盘 | XIAO TUN, GAODANG VILLAGE

革老坟村 | GELAOFEN VILLAGE

区位：贵州省安顺市镇宁县扁担山乡西北

海拔：约1150～1180m

坐标：北纬26° 05'，东经105° 35'

民族：布依族

人口：约1200人

语言：布依语、汉语

第二批全国传统村落

　　革老坟位于安顺市镇宁县扁担山乡西北方，是白水河谷地区重要的大寨之一。革老坟坐落于河畔盆地，背依盆地之上的锥峰，环绕山脚向西发展。村寨三面环山，一面朝向稻田与河流，河水从田中流过，田间水源充足。革老坟村历史上曾是边区重镇，逐渐发展成形制完整、格局清晰的布依族大寨。村寨外围以寨墙环绕，寨墙内部民居排列有序，纵横交错的巷道连接各个空间，村寨呈现格网型的布局特点。由于村寨常遭受战乱袭扰，村寨布局具有显著的军事防御功能，并且形成严密的圈层防御体系。村寨外圈以寨墙围绕，寨墙与村后锥峰的悬崖陡壁相连，形成严密的防御外圈；寨内巷道走向错综复杂，更兼以层层巷道门、宅院门加强寨内防御的性能；在锥峰顶上建设地，以作最后退守堡垒，形成内层防御阵线。随着时代发展，原有的寨墙仅剩断壁残垣，革老坟村的传统村寨格局不断被突破。

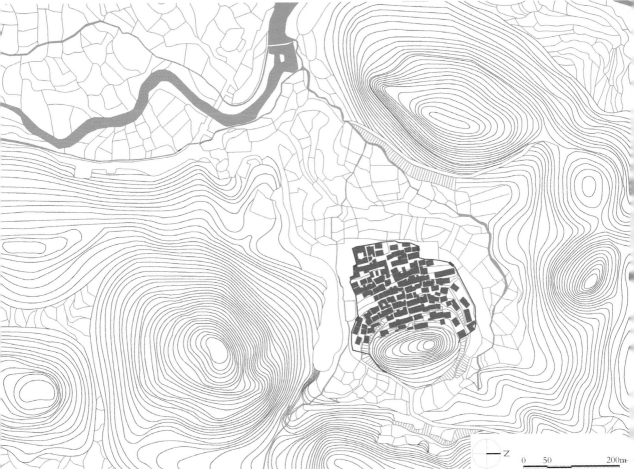

革老坟村 | GELAOFEN VILLAGE

户主 | 不详　　　HOUSEHOLDER | Unknown
住户 | 4户/8人　RESIDENT | 4 families /8 persons
面积 | 330平方米　AREA | 330m²

卧室 Bedroom
厨房 Kitchen
堂屋 Tangwu
堂屋 Tangwu
厨房 Kitchen
卧室 Bedroom
卧室 Bedroom
卧室 Bedroom
堂屋 Tangwu
庭院 Courtyard
堂屋 Tangwu
卧室 Bedroom
卧室 Bedroom
卧室 Bedroom
堂屋 Tangwu
卧室 Bedroom
卧室 Bedroom
厨房 Kitchen
卧室 Bedroom
堂屋 Tangwu
卧室 Bedroom
卧室 Bedroom
卧室 Bedroom
厨房 Kitchen
储藏 Storage

0 1 2　4m

一层平面 | First Floor Plan

革老坟村　四合院 | BUILDING GROUP, GELAOFEN VILLAGE

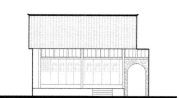

北侧建筑南立面｜South Facade of Northern Building

东侧建筑西立面｜West Facade of Eastern Building

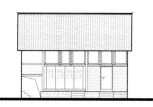

南侧建筑北立面｜North Facade of Southern Building

西侧建筑东立面｜East Facade of Western Building

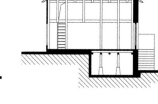

南侧建筑剖面｜Section of Southern Building

革老坟村　四合院｜BUILDING GROUP, GELAOFEN VILLAGE

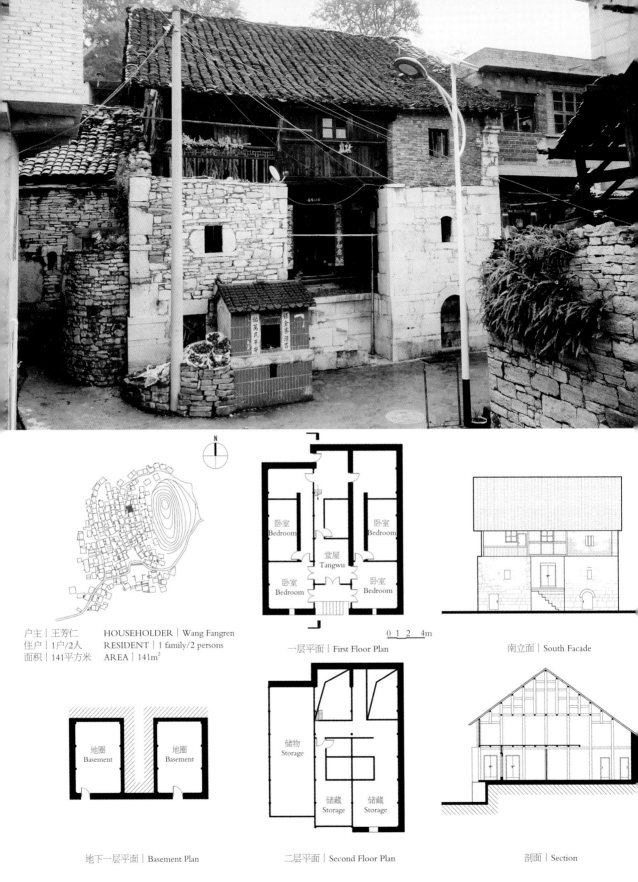

户主｜王芳仁　HOUSEHOLDER｜Wang Fangren
住户｜1户/2人　RESIDENT｜1 family/2 persons
面积｜141平方米　AREA｜141m²

卧室
Bedroom

卧室
Bedroom

堂屋
Tangwu

卧室
Bedroom

卧室
Bedroom

0　1　2　　4m

一层平面｜First Floor Plan

南立面｜South Facade

地圈
Basement

地圈
Basement

储物
Storage

储藏
Storage

储藏
Storage

地下一层平面｜Basement Plan

二层平面｜Second Floor Plan

剖面｜Section

革老坟村　王芳仁宅｜WANG FANGREN'S HOUSE, GELAOFEN VILLAGE

户主｜王玉　　　　HOUSEHOLDER｜Wang Yu
住户｜1户/1人　　　RESIDENT｜1 family /1person
面积｜136平方米　　AREA｜136m²

卧室 Bedroom　储物 Storage　卧室 Bedroom　堂屋 Tangwu　厨房 Kitchen　卧室 Bedroom　堂屋 Tangwu　储物 Storage　卧室 Bedroom　卧室 Bedroom

0 1 2　4m

一层平面｜First Floor Plan

剖面｜Section

西立面｜West Facade

革老坟村　王玉宅｜WANG YU'S HOUSE, GELAOFEN VILLAGE

031

布依朗村 | BUYILANG VILLAGE

区位：贵州省安顺市镇宁县扁担山乡

海拔：约1150m

坐标：北纬26.06°，东经105.61°

民族：布依族

人口：约600人

语言：布依语、汉语

　　布依朗村位于安顺市镇宁县扁担山乡政府西北方向，村寨规模相对较小。布依朗村背依河谷边缘的屏山，沿山脚发展，白水河流经村寨西面。布依朗村的村寨布局体现出山地聚落的显著特征：民居建筑沿等高线布置，从平坝至山麓层层向上排列，建筑朝向也随等高线变化；主要道路沿山坡等高线布置，为了交通方便，垂直等高线方向砌筑巷道使建筑上下贯通；横纵街巷交叉处，形成较为开放的公共空间。村寨营建通过层层筑台、随山就势，保证对自然山体最低程度的破坏和最大程度的利用。

布依朗村 | BUYILANG VILLAGE

0 1 2   4m

一层平面 | First Floor Plan

二层平面 | Second Floor Plan

户主 | 卢起中　　HOUSEHOLDER | Lu Qizhong
住户 | 1户/2人　RESIDENT | 1 family /2 persons
面积 | 105平方米　AREA | 105m²

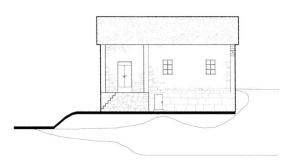

南立面 | South Facade

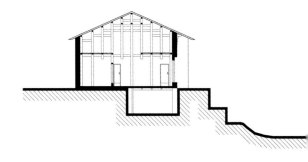

剖面 | Section

布依朗村　卢起中宅 | LU QIZHONG'S HOUSE, BUYILANG VILLAGE

一层平面 | First Floor Plan

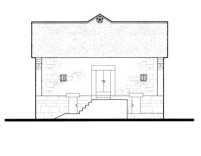

西立面 | West Facade

户主 | 韦明胜   HOUSEHOLDER | Wei Mingsheng
住户 | 1户/2人   RESIDENT | 1 family /2 persons
面积 | 90平方米   AREA | 90m²

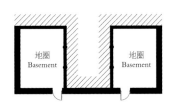

地下一层平面 | Basement Plan

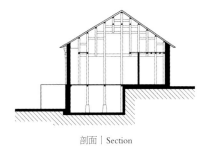

剖面 | Section

布依朗村 韦明胜宅 | WEI MINGSHENG'S HOUSE, BUYILANG VILLAGE

孔马村 | KONGMA VILLAGE

区位：贵州省安顺市镇宁县扁担山乡

海拔：约1100m

坐标：北纬26.04°，东经105.62°

民族：布依族、苗族等

人口：约1200人

语言：布依语、汉语

  孔马村位于安顺市镇宁县扁担山乡政府西北方向，村寨规模较小，空间格局较为特殊。孔马村坐落于河谷平坝之上，依傍一锥峰而建，背山面田，五山环抱，白水河流经村寨南面。孔马村依山傍水的人居环境，既能充分利用丰沛的河水，又能避免洪涝灾害的侵扰，方便生产生活。孔马村环山而建，所依傍的山丘较为低矮，村寨沿山脚布置直至山腰，村寨核心空间位于山腰处，建筑布局较为自由，山脚的建筑围绕山头成列状，布局较为规整。孔马村的选址布局、村寨形态都与闻名遐迩的石头寨十分相似，村寨同样全部由石头建造，可以称之为"小石头寨"。

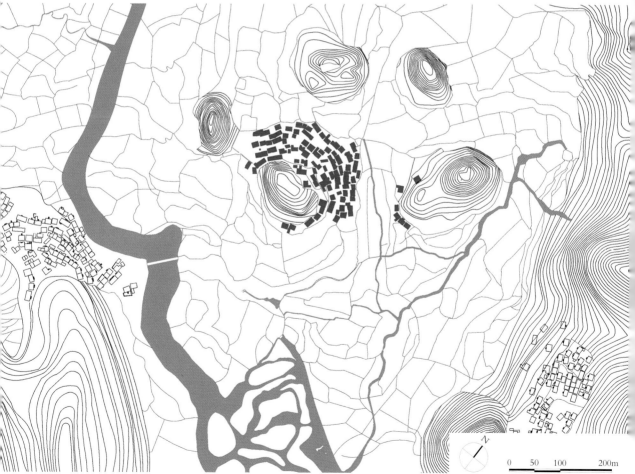

孔马村 | KONGMA VILLAGE

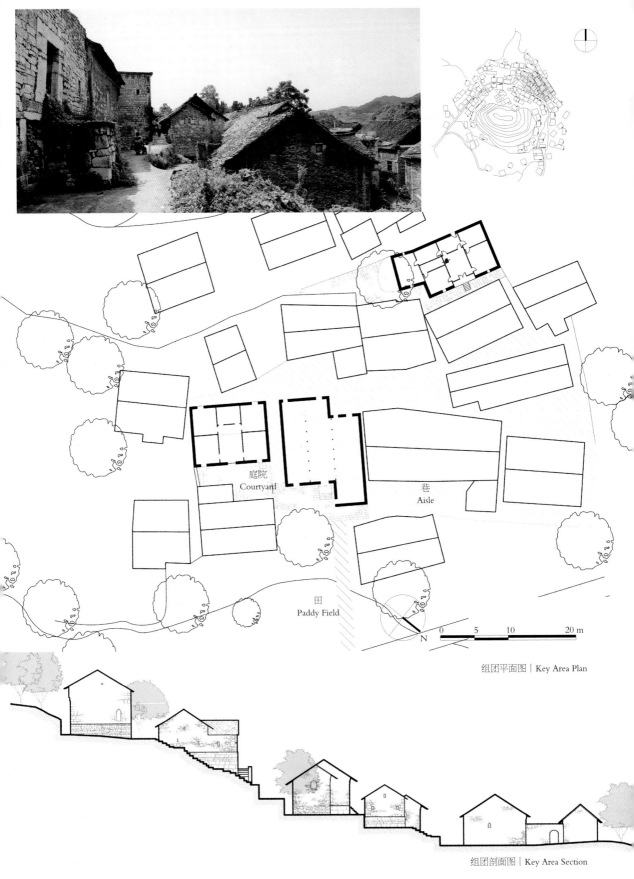

庭院
Courtyard

巷
Aisle

田
Paddy Field

0   5   10   20 m

N

组团平面图｜Key Area Plan

组团剖面图｜Key Area Section

孔马村　公共空间｜PUBLIC SPACE OF KONGMA VILLAGE

卧室
Bedroom

厨房
Kitchen

卧室
Bedroom

卧室
Bedroom

堂屋
Tangwu

卧室
Bedroom

卧室
Bedroom

厨房
Kitchen

卧室
Bedroom

卧室
Bedroom

堂屋
Tangwu

卧室
Bedroom

户主｜不详　　HOUSEHOLDER｜Unknown
住户｜2户/0人　RESIDENT｜2 families /0 person
面积｜345平方米　AREA｜345m²

0 1 2　4m

一层平面｜First Floor Plan

孔马村　建筑组团 | BUILDING GROUP, KONGMA VILLAGE

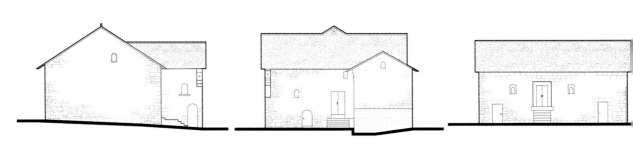

北侧建筑南立面｜South Facade of Northern Building

北侧建筑东立面｜East Facade of Northern Building

南侧建筑东立面｜East Facade of Southern Buil

南侧群组北立面｜North Facade of Southern Building Group

东侧建筑西立面｜West Facade of Eastern Buil

孔马村　建筑组团｜BUILDING GROUP, KONGMA VILLAGE

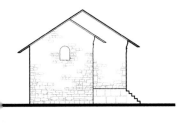

户主｜韦绍福　　**HOUSEHOLDER**｜Wei Shaofu
住户｜1户/3人　　**RESIDENT**｜1 family /3 persons
面积｜99平方米　　**AREA**｜99m²

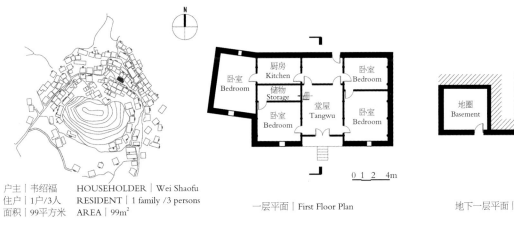

一层平面｜First Floor Plan

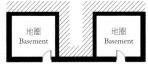

地下一层平面｜Basement Plan

西立面｜West Facade

南立面｜South Facade

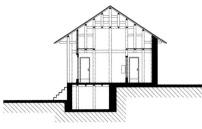

剖面｜Section

孔马村　韦绍福宅｜WEI SHAOFU'S HOUSE, KONGMA VILLAGE

关口村 | GUANKOU VILLAGE

区位：贵州省安顺市镇宁县扁担山乡西北偏西

海拔：约1095～1130m

坐标：北纬26°2'，东经105°37'

民族：布依族

人口：约700人

语言：布依语、汉语

关口村位于安顺市镇宁县扁担山乡政府西北方向，村寨规模较小。关口村以群山作为屏障，依托喀斯特峰丛建于山腰，面朝开阔平坦的稻田，白水河流经村寨西侧。关口村所依靠的山体山势陡峭，村寨修建充分利用地形，整个村寨与山体高度契合，与山林相互交融。山林是村寨发展的重要资源支撑，包括自然林木与大面积的经济林，既能涵养水源、防止水土流失等自然灾害，又能提供生产生活所需的材料，具有一定的经济效益。关口村的建筑多数为布依石板房的典型形制，皆为石材砌筑，风格朴实粗犷。在街巷与建筑空间中，布依族人充分利用零散地块，种植果蔬花卉，形成小型园圃，体现了布依族人的日常生活美学。

关口村 | GUANKOU VILLAGE

户主｜伍秀先　HOUSEHOLDER｜Wu Xiuxian
住户｜1户/2人　RESIDENT｜1 family/2 persons
面积｜107平方米　AREA｜107m²

一层平面｜First Floor Plan

东侧建筑西立面｜West Facade of Eastern Building

建筑组团平面｜Building Group Plan

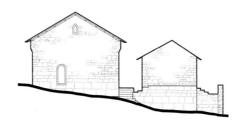

建筑组团北立面｜North Facade

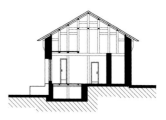

剖面｜Section

关口村　伍秀先宅｜WU XIUXIAN'S HOUSE, GUANKOU VILLAGE

044

0 1 2　4m

一层平面｜First Floor Plan

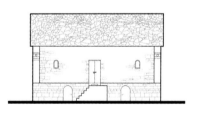

西立面｜West Facade

户主｜不详　　HOUSEHOLDER｜Unknown
住户｜1户/1人　RESIDENT｜1 family /1 person
面积｜82平方米　AREA｜82m²

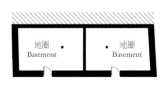

地下一层平面｜Basement Plan

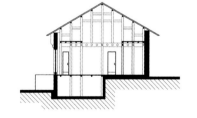

剖面｜Section

关口村　未知名宅｜UNKNOWN NAME'S HOUSE, GUANKOU VILLAGE

大洋溪村 | DAYANGXI VILLAGE

区位：贵州省安顺市镇宁县黄果树镇

海拔：约1110~1175m

坐标：北纬26.03°，东经105.69°

民族：布依族、苗族等

人口：约1000人

语言：布依语、汉语

第三批全国传统村落

　　大洋溪村位于安顺市镇宁县黄果树镇，靠近镇胜高速、贵黄公路。村寨从山脚延伸至山腰，聚落轮廓并无定型，根据山形地势发展。山脚之下是大片的梯田，白水河支流流经田坝。大洋溪村存在丰富的聚落空间系统，形成随山就势、尺度宜人、富于变化的公共空间序列。寨门空间是公共空间序列的开端，经由特殊选址与守寨树营造入口仪式感；晒坝是最重要的公共空间，修建晒坝是布依族聚落营建的重中之重；戏台、广场等空间丰富了公共空间的种类，承载日常休闲娱乐活动；街巷作为线性的公共空间，串联起其他类型的活动空间，形成节奏鲜明的公共空间序列。大洋溪村的居民因择地重建新房或外出务工而离开村寨，老村寨十年前已完全无人居住，村寨中的房屋院落多数已经荒废。

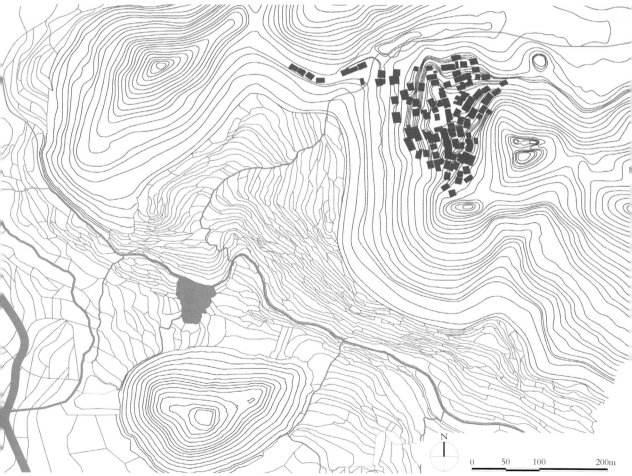

大洋溪村 | DAYANGXI VILLAGE

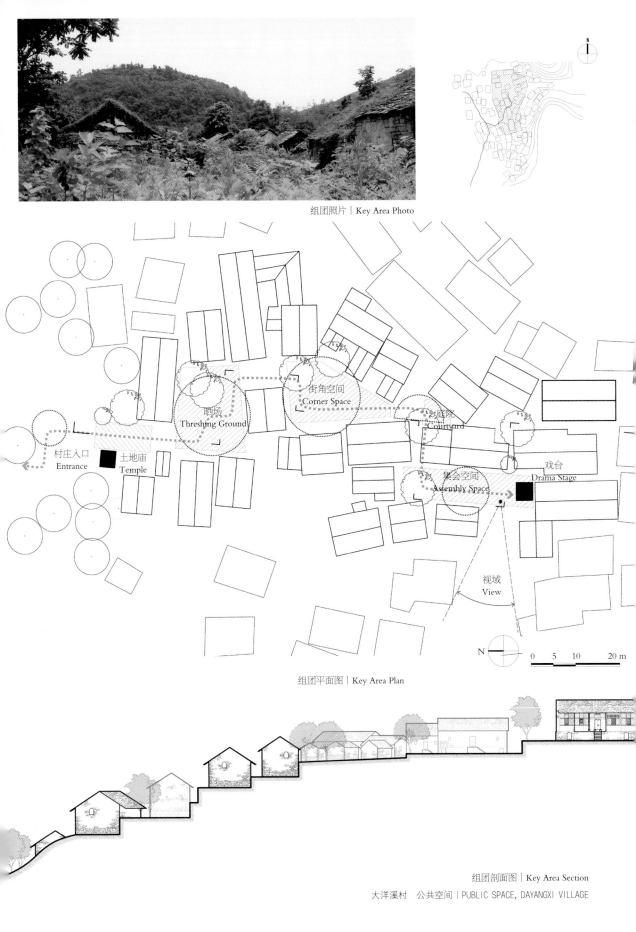

组团照片 | Key Area Photo

村庄入口
Entrance

土地庙
Temple

晒场
Threshing Ground

街角空间
Corner Space

庭院
Courtyard

集会空间
Assembly Space

戏台
Drama Stage

视域
View

N

0 5 10   20 m

组团平面图 | Key Area Plan

组团剖面图 | Key Area Section

大洋溪村 公共空间 | PUBLIC SPACE, DAYANGXI VILLAGE

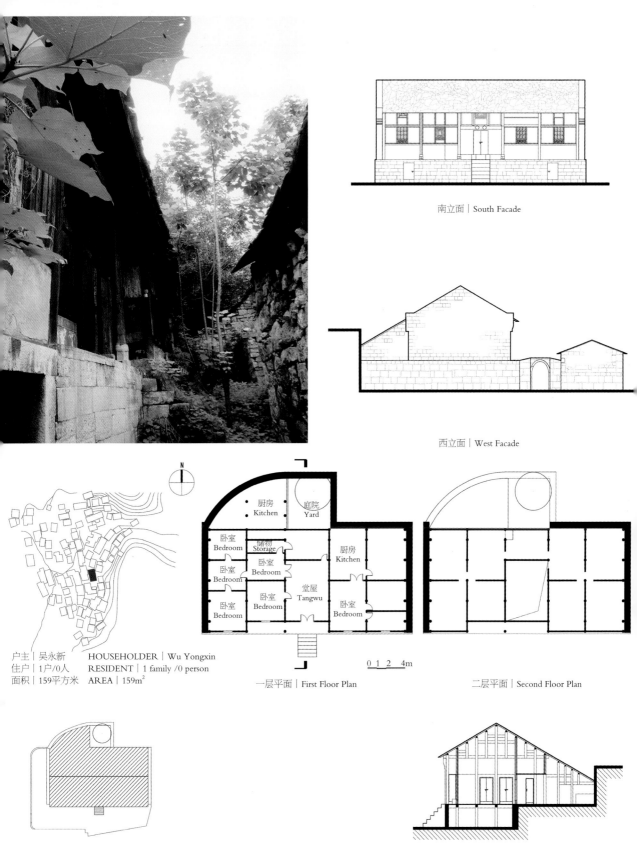

南立面 | South Facade

西立面 | West Facade

厨房
Kitchen

庭院
Yard

卧室
Bedroom

储物
Storage

卧室
Bedroom

厨房
Kitchen

卧室
Bedroom

卧室
Bedroom

堂屋
Tangwu

卧室
Bedroom

卧室
Bedroom

户主 | 吴永新　　HOUSEHOLDER | Wu Yongxin
住户 | 1户/0人　RESIDENT | 1 family /0 person
面积 | 159平方米　AREA | 159m²

0 1 2   4m

一层平面 | First Floor Plan

二层平面 | Second Floor Plan

建筑院落平面 | Courtyard Plan

剖面 | Section

大洋溪村　吴永新宅 | WU YONGXIN'S HOUSE, GAODANG VILLAGE

殷家庄村 | YINJIAZHUANG VILLAGE

区位：贵州省安顺市镇宁县黄果树镇

海拔：约1140m

坐标：北纬26.00°，东经 105.40°

民族：布依族

人口：约1000人

语言：布依语、汉语

第三批全国传统村落

　　殷家庄村隶属镇宁县黄果树镇，位于白水河谷下游，紫黄公路穿村而过。殷家庄村坐落于山谷河坝中，山体连绵且山体坡度较缓。东北角的山间有水系形成，水系流经田坝，汇入中央田坝的水塘之中，具有蓄水灌溉的作用；自然水系结合人工渠，形成密布的水网，便于农田灌溉。殷家庄的主体建筑群镶嵌在西北侧山腰处，建筑沿等高线布置，从山谷到山腰依据地势修整出大致三个台层进行建设；村寨的营建体现出一定的防御特性，并且出现了具有防御功能的碉楼；村寨内存在若干精美的建筑单体，所代表的营建技艺和水平，堪称布依民居建筑的范本。

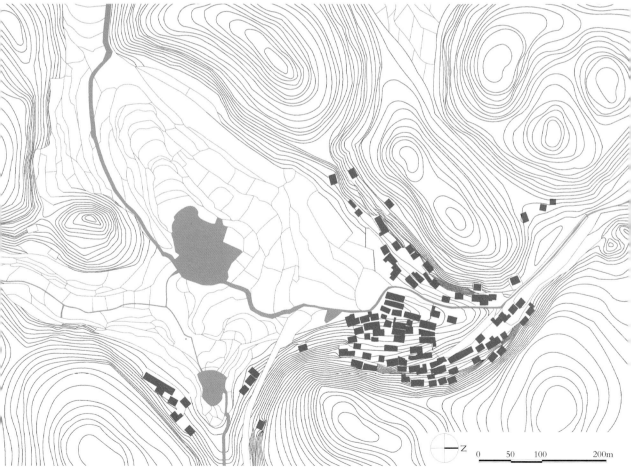

殷家庄村 | YINJIAZHUANG VILLAGE

组团平面图｜Key Area Plan

组团剖面图｜Key Area Section

殷家庄村　公共空间｜PUBLIC SPACE OF YINJIAZHUANG VILLAGE

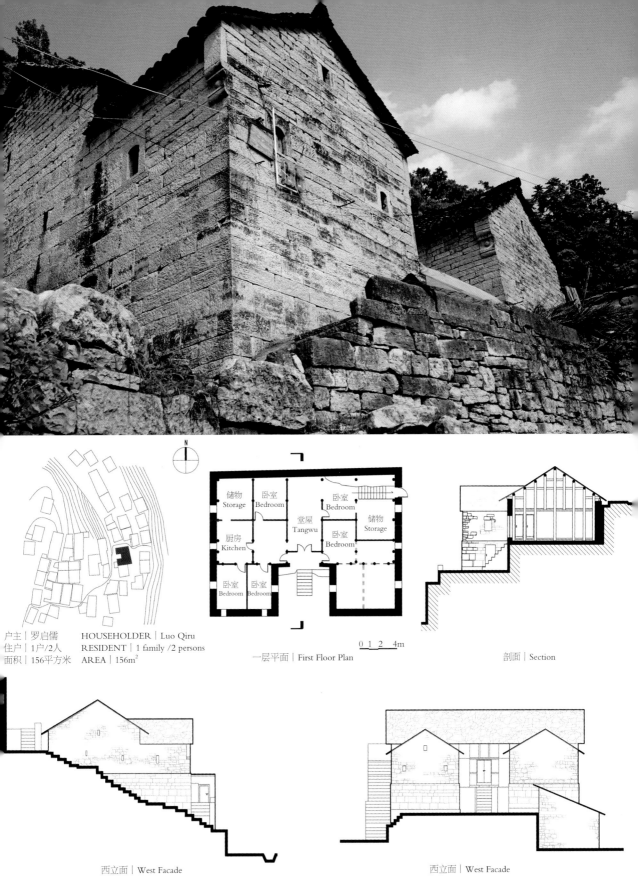

户主｜罗启儒　HOUSEHOLDER｜Luo Qiru
住户｜1户/2人　RESIDENT｜1 family /2 persons
面积｜156平方米　AREA｜156m²

储物 Storage
卧室 Bedroom
卧室 Bedroom
堂屋 Tangwu
储物 Storage
厨房 Kitchen
卧室 Bedroom
卧室 Bedroom
卧室 Bedroom

0 1 2　4m

一层平面｜First Floor Plan

剖面｜Section

西立面｜West Facade

西立面｜West Facade

殷家庄村　罗启儒宅｜LUO QIRU'S HOUSE, YINJIAZHUANG VILLAGE

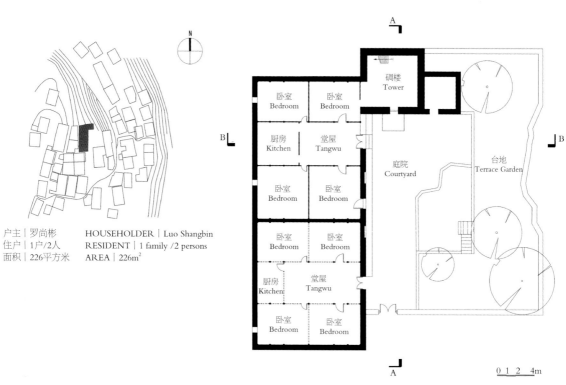

户主｜罗尚彬
住户｜1户/2人
面积｜226平方米

HOUSEHOLDER｜Luo Shangbin
RESIDENT｜1 family /2 persons
AREA｜226m²

N

卧室
Bedroom

卧室
Bedroom

碉楼
Tower

厨房
Kitchen

堂屋
Tangwu

庭院
Courtyard

台地
Terrace Garden

卧室
Bedroom

卧室
Bedroom

卧室
Bedroom

卧室
Bedroom

厨房
Kitchen

堂屋
Tangwu

卧室
Bedroom

卧室
Bedroom

A

A

B

B

0 1 2   4m

一层平面｜First Floor Plan

殷家庄村　罗尚彬宅｜LUO SHANGBIN'S HOUSE, YINJIAZHUANG VILLAGE

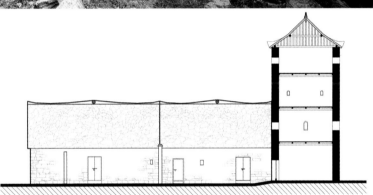

A-A 剖面 | A-A Section

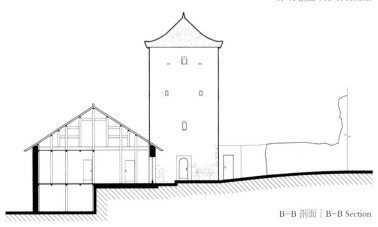

B-B 剖面 | B-B Section

殷家庄村　罗尚彬宅 | LUO SHANGBIN'S HOUSE, YINJIAZHUANG VILLAGE

果寨村 | GUOZHAI VILLAGE

区位：贵州省安顺市镇宁县城关镇西北部

海拔：约1233m

坐标：北纬26.04°~26.05°，东经105.67°~106.70°

民族：汉、布依族、苗族等

人口：约3000人

语言：汉语、布依语等

　　果寨位于镇宁县城关镇西部白水河下游北侧山地群中，是较大型的传统聚落。果寨是区域性防御的典型案例，在历史上即因其"果寨九地"而闻名附近。一座座山峰将村寨环抱起来，作为外围防卫的基础，其中九座关键性的喀斯特孤峰的峰顶兴建了九个地。九地有远有近，形成了外围观察警戒、中间主动防御、后山退避坚守的空间格局。村寨建在九地形成的防御圈层之内，修建完整寨墙围绕村落，与九地一道，构成十分严密的防御体系。

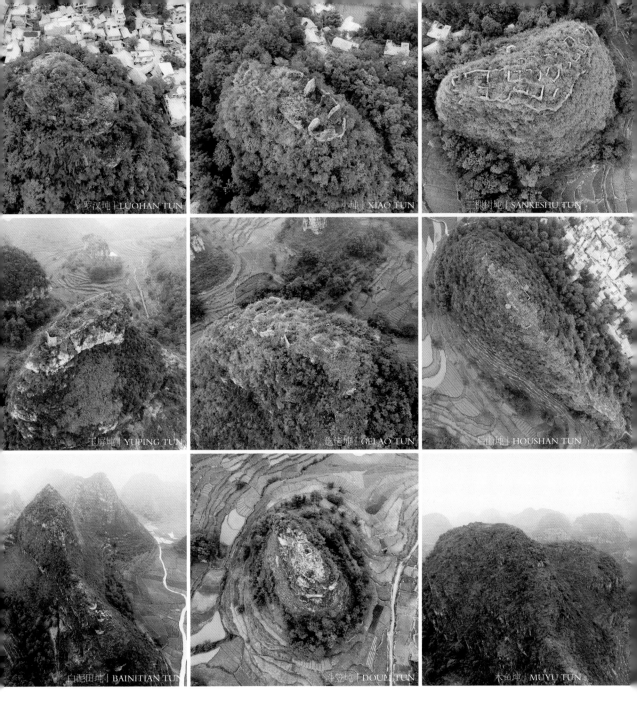

罗汉屯｜LUOHAN TUN　　小屯｜XIAO TUN　　三棵树屯｜SANKESHU TUN

玉屏屯｜YUPING TUN　　仡佬屯｜GELAO TUN　　后山屯｜HOUSHAN TUN

白泥田屯｜BAINITIAN TUN　　斗笠屯｜DOULI TUN　　木鱼屯｜MUYU TUN

　　果寨九屯："后山屯在果寨后山，同治初年周、叶、沈三姓同修；玉屏屯在果寨后山，同治初年冯姓独修；罗汉屯在果寨罗汉山，同治初年为饶、严二姓合修；小屯在果寨后山，同治初年曾、朱二姓合修；三棵树屯在果寨，同治初年吴姓独修；白泥田屯在果寨白泥田，同治初年周姓独修；木鱼屯在果寨木鱼山，同治初年全寨公修；斗笠屯在果寨斗笠山，同治初年果寨杂姓同修；仡佬屯在果寨老黑湾，同治初年果寨土人王姓修。以上九屯山高势险，本可固守。"

——民国《镇宁州志》卷二《营建志》

后山坉
HOUSHAN TUN

斗笠坉
DOULI TUN

白泥田坉
BAINITIAN TUN

玉屏坉
YUPING TUN

木鱼坉
MUYU TUN

木鱼坉 | MUYU TUN

白泥田坉 | BAINITIAN TUN

玉屏坉 | YUPING TUN

果寨 | GUOZHAI VILLAGE

三棵树坉 | SANKESHU T

斗笠坉 | DOULI TUN

后山坉 | HOUSHAN TUN

小坉 | XIAO TUN

罗汉坉 | LUOHAN TUN

仡佬坉 | GELAO TUN

N

0   200   400

罗汉坉
LUOHAN TUN

三棵树坉
SANKESHU TUN

小坉
XIAO TUN

仡佬坉
GELAO TUN

果寨九坉 | 9 Tuns in Guozhai Village

玉屏坉 | Yuping Tun

后山坉 | Houshan Tun

小坉 | Xiao Tun

果寨村 | GUOZHAI VILLAGE

059

水 | RIVER

水 | RIVER

林 | WOODS

田 | PADDY FIELD

村 | VILLAGE

坄 | TUN

拱门 | ARCH

土地庙 | TEMPLE

巷道 | AISLE

屋架 | STRUCTURE

墙 | WALL

屋面 | ROOF

台阶 | STEP

细部 | DETAIL

/下篇/ 专题研究

河谷聚落分布规律研究

1

本章作者：周政旭，王训迪

摘要：本章以安顺市白水河流域为研究对象，利用GIS空间分析方法定量分析该区域聚落空间分布的影响因素及其分布特征。结果表明：（1）布依族村寨沿河流分布，且主要分布在距离河流100～500m，海拔1000～1300m，坡度在5°～15°的山脚与山腰地带；（2）村寨空间规模主要以中型聚落为主，组团式串联分布于河谷平地与山体的交界地带；（3）村寨分布充分考虑耕地需求，耕地主要分布于海拔1000～1300m之间，其中坡度0°～5°区域主要为依托河流灌溉的水田，坡度15°～25°之间为山腰地带的旱地，村寨与耕地之间保持密切联系；（4）聚落发展依托于交通道路，聚落分布距离道路越近，数目越多。

聚落是人类生产、生活所在的活动地的总称，是人们居住、生活、劳作、休闲、交流等各种社会活动的场所，是人类利用自然、改造自然，使之成为能满足人类自身生存条件的聚居地。乡村聚落是乡村人民居住生产生活的场所，是一定规模的农业人口在一定区域范围内聚居生产生活的现象，属于乡村聚落地理学的范畴，主要研究乡村聚落的形成发展、选址分布及形态规模演变规律与自然地理环境之间的关系。[1-2]乡村聚落空间分布能体现某一时段人类生产生活与自然环境的相互关系。乡村聚落空间是随着人类活动的形式及能力而形成发展的，不同的生产力水平，不同的人类意识形态，不同的历史环境背景及自然条件都制约影响着聚落空间的选址、密度、规模及建设程度[3]，如文化习俗、历史政策、自然灾害等。

地理信息系统（GIS）技术是用来研究归纳地理信息空间分布规律的有效工具。[4]GIS空间分析功能有助于我们在宏观角度提取分析地表物体的内在关系，通过卫星影像的解译，提取地表植被、水系、农田、村寨、道路等聚落分析需要的研究对象，并做定量化、数据化、可视化的数据处理，使聚落分布与自然环境之间的关系更加直观、可辨，现已成为探究乡村聚落空间分布规律的常用方法。

纵观乡村聚落地理研究的进展，国内外研究程度与方向略有不同。国外学者在此方面的研究始于19世纪，德国地理学家科尔（Kohl）发表的《人类交通居住地与地形的关系》探究了聚落地理位置与人口集中分布之间的关系。[5]此后还有学者进行了不同地区房屋建造形式对地理环境适应性的研究[1]，以及聚落分布对自然环境依赖的相互关系的研究[6]。德国、法国、希腊等国家的学者对乡村聚落和环境、聚落形态与形成机理、聚落的演变规律与影响因素做了不同方面的研究。[7-10]而国内学者在此方面的研究始于20世纪30年代[11]，早期的研究多关注于乡村聚落地理、聚落区划等方面[12]，后逐步向乡村聚落演变、乡村聚落景观以及乡村聚落形态与特征方面深入[13-15]。近年来随着遥感技术的发展与普及，RS和GIS技术大量应用于聚落研究领域，研究也由过去的定性研究转向定量研究，使乡村聚落的研究更具有理据，以便后期发展乡村聚落时提供数据支撑，有利于开发规划时决策参考。

本章是通过ArcGIS空间分析法对安顺白水河流域布依族聚落的空间分布进行定量分析研究，探讨聚落空间聚集的特征，及其周边生态环境状况以及聚落与其环境之间的相互关系，希望通过分析研究白水河流域内聚落的分布，揭示该地区人类活动与聚落选址的相互关系。

1.1 研究区域概况及数据来源

1.1.1 研究区域概况

白水河流域，指白水河及其上游河与支流的集水区域。白水河发源于贵州省六盘水市六枝特区，经镇宁布依族苗族自治县与关岭苗族布依族自治县，沿途汇入桂家河、新院河等大小支流，最终于关岭县断桥乡境内汇入打邦河（北盘江支流），全长约50km。其中，从六枝特区政府驻地至黄果树镇约30km的一段，由于受山体抬升与水流溶蚀、冲积的共同影响，发育形成了典型的喀斯特山地河谷地貌。该河谷地带，由布依族民众经数百年经营与建设，形成了上百个大小规模不同的布依村寨，据《镇宁县志》[16]记载当地最有名的有"四十八大寨"。在河谷中段，有天然形成的"扁担山"，因此在当地也被称为"扁担山槽子"（图1-1、图1-2）。

本书的研究范围选取白水河及其主要支流流经的流域，上起六枝县城附近，下至黄果树瀑布群，边界主要依照河流流域的分水岭与交通道路线确定（范围见图1-3），研究区总面积约169.3km²，基本囊括了流域中与白水河息息相关的人类

图1-1　白水河河谷地带实景

图1-2　白水河河谷实景

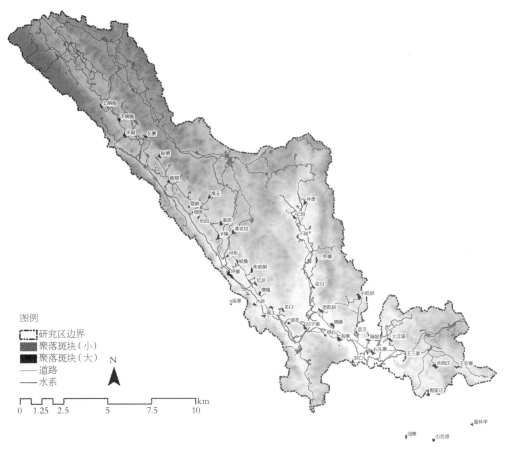

图1-3　研究区村寨斑块分布图

生产生活范围。

1.1.2　数据来源

本章的研究数据主要来自以下方面：中国科学院计算机网络信息中心地理空间数据云中获得白水河流域（扁担山区）30m分辨率数字高程DEM数据（2009年）、Google Earth中获得分辨率为1.07m的卫星影像（2015年）。利用ArcGIS软件对数据进行处理，经几何校正、坐标配准、图像解译以及图像矢量化处理后，提取研究区内乡村聚落斑块及河流、道路等要素，以供进行下一步分析研究。由于数据时相的差异，数据配对处理上存在误差，需要通过人工处理辨识，以降低数据误差产生的影响。

1.1.3　研究重点

本章重点揭示白水河河谷地带布依族聚落的空间分布规律。聚落是一个整体性概念，是与当地布依民众生产生活息息相关的整体空间，"一个聚落的组成，固然要有人工的构筑物"，还包括"构筑物之间的组合的内部空间，以及它的外围经过改造的自然环境"[17]。对于地处贵州山地的聚落，更是由村寨与周围的山体、河流、田地、树木构成有机整体，而形成了"山—水—林—田—村"的聚落整体空间格局[18]。

因此，在本章中，首先分析村寨❶的分布规律，随后探讨村寨与周边山体、水系、田地以及道路的关系，借此发现贵州白水河河谷地带聚落分布的规律及其内在空间关系。

1.2　村寨特征

聚落在一个区域的分布特征通常需要对其包含的村寨数量、规模、形态等属性进行一定的统计量化分析，因此本章引入景观格局指数这一生态学指标来对白水河流域一带的布

❶ 为便于分析理解，本书中将对"聚落"与"村寨"（或"村庄"、"村落"）两词的运用进行严格的区分。村庄（或村寨）主要指以房屋等人工建成空间为主、主要满足村民生活居住的部分。而聚落则涵盖了"村庄"以及周边山体、河流、耕地、林地等自然与人工环境，可认为聚落是村民进行生产活动和生活活动以及与这些活动发生紧密联系的空间的整体。

依族聚落进行这一方面的特征概括。

景观格局指数是指自然或人工形成一系列形状、大小、排列不同的景观斑块在景观空间里的排列，即空间结构特征。此处包含的主要景观斑块类型有村寨斑块、田地斑块，山林斑块等，是人工构筑与自然生成的场所的集合体，也是聚落空间的主要内容。

本章研究需要运用村寨的斑块数量（NP）、平均斑块面积（AREA_MN）、最大斑块面积（MAXP）、最小斑块面积（MINP）等数据来揭示白水河流域聚落空间中的村寨分布的数量、规模等特征[19]，利用聚落密度分析等数据分析提取白水河流域聚落聚集特征。

1.2.1　村庄分布

据统计，在总面积约为169.3km²的研究区域内，林地面积约115km²，农田面积约38km²；布依族新老村寨斑块332个，其中包括了48个大寨中的43个大寨斑块（研究区域外的5个大寨不统计在内），其余小寨与新寨斑块289个。

从研究区村寨斑块分布图（图1-3）中可以直观地看到各类规模的村寨斑块分布较均匀，且主要沿着白水河及其支流两岸线性分布，规模较大的村寨之间保持一定的距离（半径约为1km），便于资源的合理优化利用。

利用ArcGIS提取村寨斑块的中心点，并通过密度分析工具获得白水河流域村寨密度图（图1-4），由图可见村寨斑块在流域空间内分布存在明显高密度的区域，受地形、地势、河流、交通等因素影响，村寨斑块的空间分布具有很强的线性特征，河谷下游即研究区的东南角较为密集，其余沿线呈组团式串联发展模式。其中歌麻—坝湾—长田地段村寨密度最大，是以大寨为中心聚集分布的；孔马—关口地段、凹子寨地段、石头寨地段是河谷地带村寨聚集分布的次级中心；其余小寨各自成团聚集分布在河流沿线，组成具有连续性、整

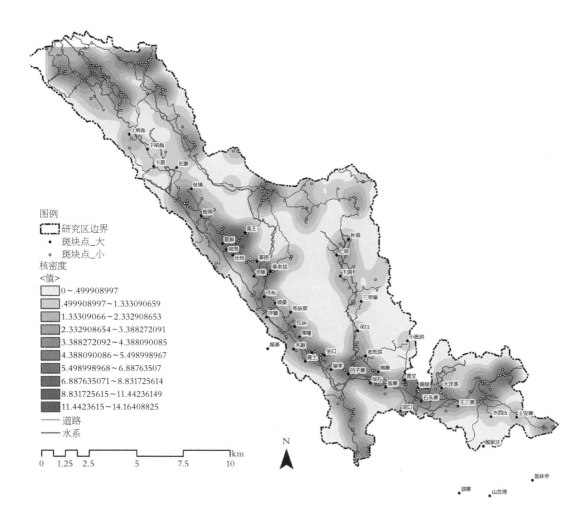

图1-4　白水河流域村寨密度图

体性的聚落分布带。依托白水河主河流的村寨密集度也明显强于依托支流的村寨，因为平坦宽阔的主河谷地带，自然山水条件更好，光照充足、水源丰富、交通便捷，形成的聚落空间更适于布依族村民耕作、生产、生活发展。村寨的密度分析清晰地揭示了村寨分布的聚集程度，也揭示了布依族村民在建村时环境资源的优劣，为聚落空间分布提供了间接信息。

1.2.2　村寨规模

村寨的规模反映一个地区的居住者对环境用地占有量的大小。平均村寨斑块面积则反映一个地区内所有村寨斑块的普遍规模，是居住者经过长期聚落营造后的较稳定的结果，能一定程度上体现该地区自然环境的承载力。由表1-1可见白水河流域村寨斑块的面积443～110873m²不等，规模大小差异巨大，两者相差250倍，而平均斑块面积在12341m²，属于较为中等的规模。

研究区2015年布依族村寨景观指数　　　　表1-1

斑块数/个	最小斑块面积/m²	最大斑块面积/m²	平均斑块面积/m²
332	443	110873	12341

表1-2的统计分析了研究区内不同规模等级的村寨情况。研究区内村寨按村寨规模、面积大小分类可分为9级，如表1-2所示，面积在443～800m²与800～1200m²之间的村寨斑块数量共为23个，占总体斑块数的6.93%；面积在1200～2000m²、2000～5000m²、5000～10000m²、10000～30000m²之间的村寨斑块数量分别为35、94、53、92个，所占总体斑块数量的百分比分别为10.54%、28.31%、15.96%、27.71%；面积在30000～50000m²、50000～100000m²、100000～120000m²之间的斑块数量共为35个，占总体斑块数的10.54%。从村寨规模分

研究区村寨斑块规模等级结构分布规律分析　　　　表1-2

序号	村寨规模分级/m²	面积/m²	村寨斑块个数/个	面积/%	斑块数目/%
1	443～800	5047.85	8	0.12	2.41
2	800～1200	15888.755	15	0.39	4.52
3	1200～2000	54893.65	35	1.34	10.54
4	2000～5000	310129.43	94	7.57	28.31
5	5000～10000	374726.23	53	9.15	15.96
6	10000～30000	1684000.16	92	41.10	27.71
7	30000～50000	857593.67	23	20.93	6.93
8	50000～100000	684151.44	11	16.70	3.31
9	100000～120000	110873.02	1	2.71	0.30

析，面积在10000~30000m²之间的村寨斑块在数量及面积上均占有绝对优势。

综上，白水河流域内的村寨形成的整体格局目前以中大型聚落为主，同时小型聚落和散户共同存在。中大型村寨的规模主要在0.5~3hm²之间，与环境相处融洽；小型聚落和散户的数量与规模均较小，不利于资源的集中利用；大型聚落的数量较少，规模较大，容易对环境造成过大的压力。具体统计，48大寨中规模最大的是坪寨，约8.7hm²（包括村寨扩散部分面积），村寨位于山脚平原地带，距离水源较近处，自然资源充沛，适宜村寨发展；其余村寨中规模最大的是河边村，约11hm²，村寨位于白水河北侧山地群中的平原地带，距离白水河支流较近，且于交通道路分布较密处，总结规模较大的村寨分布规律为靠近自然资源或交通等条件处，它们均对环境资源的依赖较大。因此，该流域需对村寨建设的规模与数量加以控制与均衡，调整不同规模村寨的分布，充分利用环境资源的同时，保持其周边原有生态系统的完整性，使聚落发展更具可持续性。

1.3　村寨与山体、水系、田地及道路关系

1.3.1　村寨与山体的关系

（1）海拔分布

海拔是自然地理空间的重要属性，不同海拔的自然条件不同，气候、气温、水源、光照强度不同。由研究区村寨点与地形图（图1-5）可见研究区为长条槽子型地形，总体呈西北高东南低的格局，白水河主河河谷与上洞寨方向的支流河谷区域较低，两岸山丘较高且山谷间分布有低矮的山丘，属典型的河谷喀斯特地貌。

据研究区村寨斑块分布与海拔关系分析表（表1-3）显

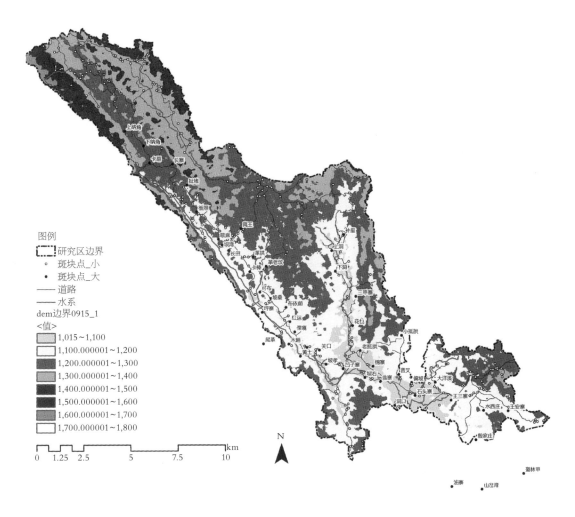

图1-5 研究区村寨点与地形图

示,海拔在1000～1100m之间的村寨有45个,占总数的13.55%;海拔在1100～1200m之间的村寨有136个,占总数的40.96%;海拔在1200～1300m之间的村寨有95个,占总数的28.61%,随后随着海拔增高,村寨分布数量减少。而村寨斑块面积在海拔1100～1200m之间达到峰值,该级村寨总面积有1775227m²,占所有村寨斑块总面积的43.33%,且斑块面积与斑块数量峰值基本同步。因此进一步可见研究区村寨斑块面积及数量与海拔的关系,两者与海拔呈近正态分布状,峰值均出现在海拔1100～1200m之间。这是由于山地海拔低处建设会侵占农田,而农田是村民生存之本,且低处不利于避洪防涝;但山地海拔高处陡峭的地势不利于村寨建设及资源的采

集与利用。因此研究区内布依族村民依山建设家园选址主要
在海拔1000～1300m之间的河谷平原山地交界处，既能充分利
用周边资源，又适于聚落安全、繁荣发展的区段。但是近些
年村寨的建设开始向较低海拔的农田地区扩展，出现了大量
侵占农田的现象，影响了整个河谷地带的风貌的自然发展。

研究区村寨斑块分布与海拔关系分析表　　　　表1-3

海拔/m	斑块数/个	比重/%	斑块面积/m²	比重/%
1000～1100	45	13.55	467320	11.41
1100～1200	136	40.96	1775227	43.33
1200～1300	95	28.61	1263816	30.85
1300～1400	46	13.86	536179	13.09
1400～1500	7	2.11	29943	0.73
1500～1600	3	0.90	24820	0.61

（2）坡度情况

坡度是表示大地表面起伏变化程度的一个指标，是影响
村寨建设难度的一个重要因素，考虑研究区现状，按建设难
度对应的地形坡度，将研究区坡度分为5级，分别为0°～5°
平坡、5°～15°缓坡、15°～25°陡坡、25°～45°急陡坡、
大于45°险坡。由研究区村寨点与坡度图（图1-6）可发现，
山谷平原地带多为平缓坡，山顶地带多为险坡，河谷中央还
分布着一些坡度变化较缓的山丘，这符合典型的喀斯特地
貌。根据研究区村寨斑块分布与坡度关系分析表（表1-4）可
知，研究区总体坡度为0°～5°的地表面积为19523453m²，坡
度为5°～15°的地表面积70496277m²，坡度为15°～25°
的地表面积48575737m²，坡度为25°～45°的地表面积为
28884945m²，而现已利用建设为村寨的百分比分别是2.96%、
3.04%、2.37%、0.75%，可见该地区的村寨建设处于一个较低
的水平，这有利于对现状生态环境的保护，同时减少因人类
起居消耗对环境造成的破坏，有助于环境自净力的恢复。

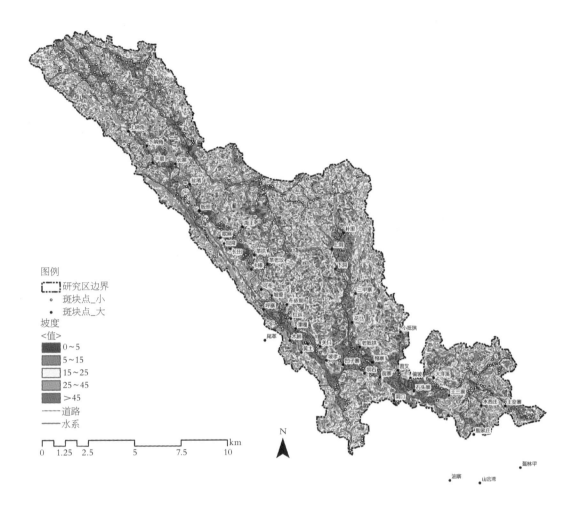

图例

☐┈┤研究区边界
○ 斑块点_小
● 斑块点_大

坡度
<值>
■ 0～5
■ 5～15
□ 15～25
■ 25～45
■ >45
——道路
——水系

km
0 1.25 2.5   5   7.5   10

N

图1-6　研究区村寨点与坡度图

　　由表1-4还可见，村寨斑块分布在坡度为5°～15°区域的最多，有164个村寨，占总数的49.40%，其次是坡度在15°～25°之间，有88个，占总数的26.51%，村寨分布随坡度的变化也近似呈正态分布。依照布依族习俗村庄建设一般不占用耕地，因而研究区内平坡多建设为耕地；由于布依族的石头房是底层饲养牲畜，中层居住，上层存储的模式，按功能分层的建筑结构能很好地与地形地势相配合。不同坡度地面适合不同村寨要素，因而村寨建设以缓坡区为主，同时利用陡坡地形营建村寨防御构筑物。依山而建的村寨多分布于山脚与山腰区域的坡地，利用地形使村寨内建筑采光充分，同时加强了村寨防御外敌能力。

研究区村寨斑块分布与坡度关系分析　　　　　　　　　表1-4

坡度/(°)	各坡度区段面积/m²	斑块数/个	数量比重/%	斑块面积/m²	面积比重/%	利用率/%
0~5	19523453	53	15.96	578118	14.11	2.96
5~15	70496277	164	49.40	2146198	52.38	3.04
15~25	48575737	88	26.51	1152325	28.12	2.37
25~45	28884945	26	7.83	217550	5.31	0.75
>45	1853667	1	0.30	3112	0.08	0.17

1.3.2　村寨与河流的关系

水源是人类赖以生存的必要条件，聚落的发展也离不开水源，河流为人类提供生活用水、饮食用水、灌溉用水等基本条件，与水源的距离直接影响水源利用的便捷度，因此利用ArcGIS缓冲区模块按50m、100m、200m、1000m、大于1000m的半径距离，建立分级水源缓冲区进行研究。由研究区村寨斑块点与河流缓冲区示意图（图1-7）可见，白水河流域的主水系与其支流水系的缓冲区基本覆盖所有村寨分布点；由2015年研究区水源缓冲区内村寨数量及面积与比重表（表1-5）可见，聚落点在河流缓冲半径200~500m的区域数量达到峰值，有113个，占总数的34.04%，而研究区内有72个村寨不在水系缓冲半径1000m内。按水源距离分级聚落分布可分为4级，一级靠近水源200m内聚落数量少，面积小，分布稀疏；二级与水源保持200~500m距离的聚落数量多，且面积较大，分布成团聚集；三级与水源保持500~1000m距离的聚落数量适中，面积较小，分布呈团聚集形；四级远离水源1000m外的聚落数量适中，面积较小，分布较稀疏分散。村寨与河流保持一定的步行距离，村寨与河流距离过近不利于村寨安全，过远资源运输成本又大大增加，因而在河流合理缓冲区范围内建设是村寨存亡兴盛的关键因素之一。

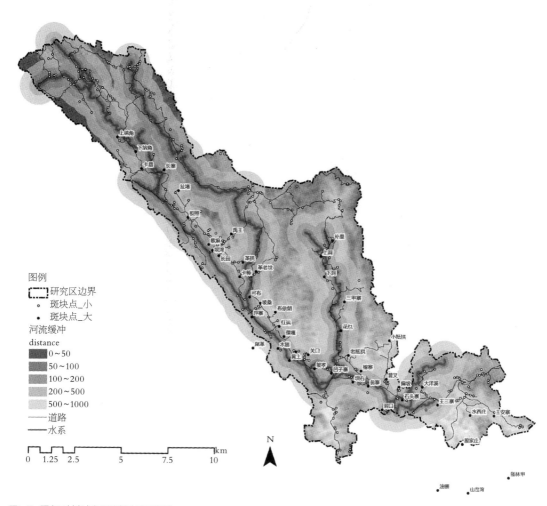

图1-7 研究区村寨点与河流缓冲区示意图

图例
- 研究区边界
- ○ 斑块点_小
- ● 斑块点_大

河流缓冲
distance
- 0~50
- 50~100
- 100~200
- 200~500
- 500~1000

—— 道路
—— 水系

0 1.25 2.5   5   7.5   10 km

N

2015年研究区水源缓冲区内村寨数量及面积与比重表   表1-5

缓冲区半径/m	水系			
	村寨斑块数		村寨面积	
	数量/个	比重/%	面积/m²	比重/%
0~50	8	2.41	41593	1.02
50~100	24	7.23	197340	4.82
100~200	45	13.55	729317	17.80
200~500	113	34.04	1640781	40.05
500~1000	70	21.08	641913	15.67
>1000	72	21.69	846361	20.66

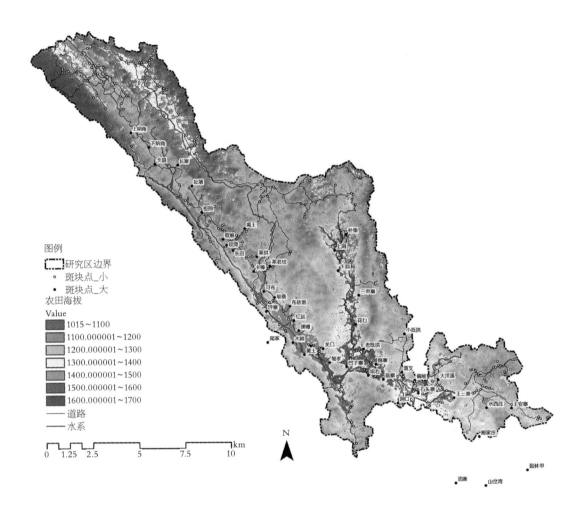

图1-8　研究区内农田海拔示意图

1.3.3　村寨与田地的关系

　　布依族的农耕文明是集合了自然崇拜等文化为一体的文明，土地对于一个依靠辛勤劳作得以生存发展的民族而言，是神圣不可侵犯的，任何个人或集体的建设行为在农耕时期都是对神和土地的一种不尊敬，但随着社会时代的发展，耕地面积不断发展的同时也面临着被建设侵占的问题。通过卫星影像的解译对研究区内农田区域进行识别提取后（解译准确率达80%左右），做进一步地理空间分析，如研究区内农田海拔、坡度示意图（图1-8、图1-9）显示，该地区农田总量约38km²，面

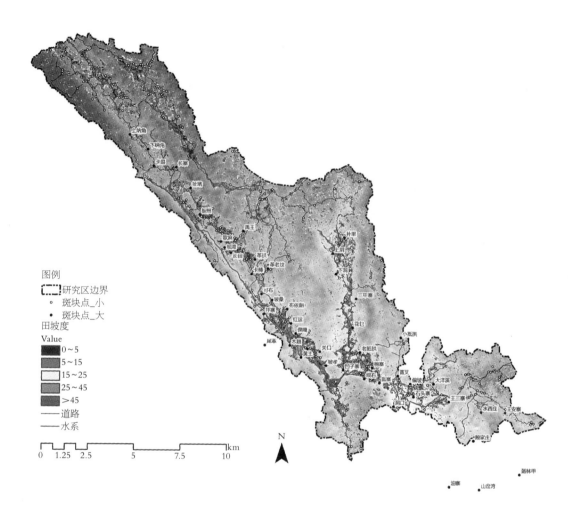

图1-9　研究区内农田坡度示意图

积较大，且现阶段农田的分布主要在河谷地区低海拔、地势平坦的区域，少量田地在海拔较高的平坦区域，农田所在区自然条件良好、适合当地农作物生长。据农田海拔坡度统计表（表1-6、表1-7）可知，农田海拔主要位于1100～1300m之间的槽子地带，而农田主要在坡度0°～5°与15°～25°的区域，前者为选址于平坦便于灌溉储水的地带，而后者主要是当地村民利用山地特点改造地形营造的旱地或梯田，主要种植旱地作物，增加了耕作范围与面积，满足生存生产的需求。

布依族村民的生活与生产、生活与自然是紧密结合在一起的。利用GIS以村寨斑块为中心分别以500m、1000m为半

农田所在海拔高度统计 表1-6

海拔/m	面积/m²	比例/%
1000~1100	5668823	14.97
1100~1200	11852601	31.31
1200~1300	11737016	31.00
1300~1400	7586320	20.04
1400~1500	708172	1.87
1500~1600	280336	0.74
1600~1700	22427	0.06

农田所在坡度统计 表1-7

坡度/（°）	面积/m²	比例/%
0~5	7619097	37.03
5~15	1919826	9.33
15~25	7641524	37.14
25~45	3172539	15.42
>45	224268	1.09

径进行缓冲区分析，得到研究区村寨点与农田关系图（图1-10），由图可知，村寨点在半径为500m范围里基本覆盖农田面，在1000m半径里还覆盖了远离河流水源的农田面。重点观察大寨点的分布，基本在500m半径左右范围相互不侵占农田，保持一个友好距离，共享农田自然资源，而其余小寨新寨则密集散布在其间，加大了农田资源的压力。总体角度分析河谷区域内村寨与农田相互制约控制着村寨规模的发展，且流域内农田资源在就近原则下已尽数被利用。

1.3.4 村寨与道路的关系

交通是影响聚落生成的重要因素之一，道路交通决定聚落在陆地上与外界的沟通与运输能力，是各类资源输入输出的重要通道，也是村民生活生产的重要活动场所之一。根

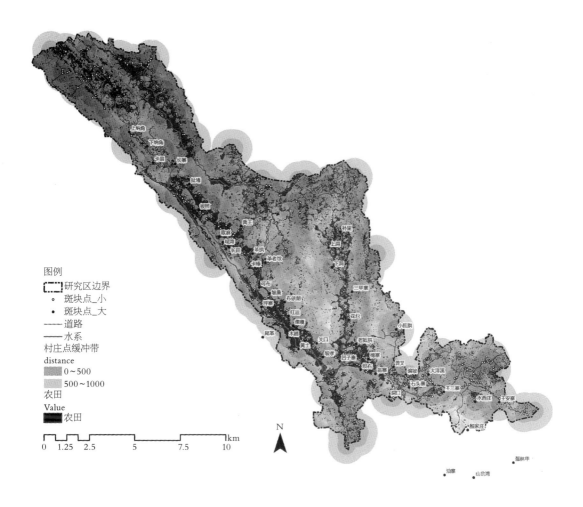

图1-10 研究区村寨点与农田关系图

据离交通道路的距离不同，研究将距离道路区缓冲带分为6个级别，0~50m、50~100m、100~200m、200~500m、500~1000m以及1000m以外，得到研究区现状交通道路缓冲区分析图（图1-11），由图可知，村寨分布在距离道路500m缓冲区内已全覆盖，且沿主要交通干线均匀分布在道路两旁，呈并联型连接，各个聚落相对独立，相互之间道路影响较小。由2015年研究区道路缓冲区内村寨数量、面积与比重表（表1-8）可知，村寨在距离半径50m内数量最多，达到194个，占总数的58.4%，村寨斑块数目随交通道路的距离增加，数量递减，且村寨规模也呈递减趋势。村寨的发展与道路的建设紧密联系，道路发展为村寨提供了资源运输的通道，直接影

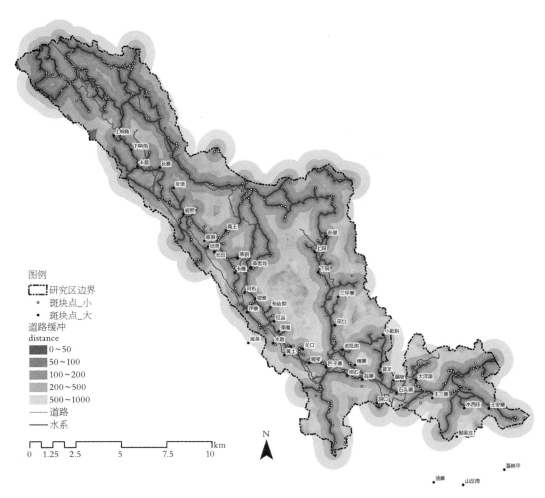

图1-11 研究区现状交通道路缓冲区分析图

2015年研究区道路缓冲区内村寨数量、面积与比重统计表   表1-8

缓冲区半径/m	道路			
	村寨斑块数		村寨面积	
	数量/个	比重/%	面积/m²	比重/%
0～50	194	58.4	1888726	46.10
50～100	79	23.8	1477962	36.07
100～200	31	9.3	515620	12.58
200～500	22	6.6	172487	4.21
500～1000	5	1.5	24840	0.61
＞1000	1	0.3	17669	0.43

响村寨的经济实力与信息交流能力，而村庄发展是道路建设
的充分必要条件，两者相互协调发展，则能带动整个区域的
健康发展。

1.4 结论与建议

本章研究安顺白水河流域布依族聚落的空间分布规律，
通过其组成部分村寨的空间布局、地理空间、水文条件等自
然条件与农田资源及交通条件等因子的量化研究，得到以下
结论与建议：

（1）白水河流域布依族聚落的村寨选址主要在中央河谷
地带，且分布较均匀，村寨斑块的规模以中型为主，约在
$1 \sim 3hm^2$，其余小型村寨较少，分布较散，大型村寨数量较
少，但易成为聚落群的核心，聚集起周边村庄共同发展。由
于近年来扩张建设的新村寨斑块呈现出多而散，且沿交通道
路无序蔓延的明显特征，建议优化村寨分布结构，保持村寨
沿河分布的完整结构；同时，通过控制村寨建设规模，进而
控制其无序发展状态，使村寨更能满足村内村民生活起居的
基本需求，便于环境资源的充分利用。同时加强各村寨的集
中管理，加强自然资源的统筹分配与利用，防止自然资源的
过度无序利用，继而达到人与自然和谐相处。

（2）白水河流域布依族聚落的村寨依托水系分布具有明
显的线性特征，且村寨多聚集在河流下游，具有很强的连续
性；各个核心聚落群地带之间散布少量村寨点，这样的布局
便于聚落群联合发展，有利于组团间聚落的沟通交流，减少
对资源的相互竞争。但相隔距离较远的聚落群仍然存在，这
类聚落与周围聚落缺少沟通纽带，建议加强散布聚落的组团
式建设，注意控制聚落核心组团村寨的规模和密度，防止村
寨密度过大导致资源紧缺、环境恶化。

（3）白水河流域布依族聚落的村寨在地理空间内海拔和

地形坡度上的分布均呈近似正态分布，村寨主要分布在海拔1000～1300m，坡度5°～15°的山脚与山腰地带。该区域具有适宜居住的海拔，以及丰富的林田资源。村寨坡度的选择则基于建设难度的考虑，平坡适于建设耕地，应尽量少侵占；缓坡与中坡较适于建设村寨，有利于建筑的垂直布局；急陡坡也可建设村寨，但建设难度较大，成本较高。村寨选址时还需考虑其他环境因素，注意加强对山体的维护；险坡不利于村寨建设，应考虑建设为林地，保持水土。

（4）白水河流域布依族聚落的村寨主要依托白水河与其支流分布在两岸河谷平地与山地交界处，且主要与河流保持在100～500m的距离。由于距离河流过近，雨季易发生洪涝，不利于村寨生存；距离河流太远，则不利于水源的输送利用。因此距离水源较近处多用于耕地灌溉，既满足生产农耕需求，又有利于聚落生存发展。建议加强该地区水源的保护，控制水源附近的村寨建设，防止过度建设导致河流的水质的恶化、水量的减少。

（5）白水河流域布依族聚落的农田总量约为38km²，主要分布在河谷平地及山体平缓地带，海拔在1000～1300m，坡度在0°～5°与15°～25°的区域，且耕地已被聚落点的500m半径全覆盖，资源已基本被用尽。布依族是以农耕为主要生产力的民族，农田对生产生活极为重要，由于河谷喀斯特地貌的特殊性，靠近水源且平缓地有利于灌溉水的储存，依靠山地建设梯田有利于土地利用，村民利用地形地貌构建生产基地有利于生存发展，但现阶段新寨的不断出现，侵占了农田，抢夺了有利资源，建议在该地区控制新村寨建设，退地还耕，鼓励农耕，发展当地特色农业。

（6）白水河流域布依族聚落的村寨分布与交通状况紧密相关，以前的大寨选址多考虑地理空间、自然条件等因素，现阶段大部分小寨新寨的分布主要依托交通道路，距离道路越近，村寨分布越多，但规模较小，可见依托道路无序的村

寨建设是现阶段聚落发展的严重问题。而原有的大寨之间主
要依托主路的二级支路连接。建议根据现场场地环境,选择
对自然破坏最小的道路进行建设,加强聚落与河谷外界、聚
落与聚落之间的联系,同时控制交通沿线小规模住房的建设,
保证在沿线农田景观不被破坏的前提下,发展新型聚落。

参考文献

[1] 金其铭. 中国农村聚落地理[M]. 南京：江苏科学技术出版社，1989.

[2] 张小林，盛明. 中国乡村地理学研究的重新定向[J]. 人文地理，2002，01：81–84.

[3] 范少言，陈宗兴. 试论乡村聚落空间结构的研究内容[J]. 经济地理，1995，02：44–47.

[4] 汤国安，赵牡丹. 基于GIS的乡村聚落空间分布规律研究——以陕北榆林地区为例[J]. 经济地理，2000，05：1–4.

[5] 张文奎. 人文地理学概论[M]. 长春：东北师范大学出版社，1987.

[6] 金其铭，董昕，张小林. 乡村地理学[M]. 南京：江苏教育出版社，1990.

[7] 白吕纳. 人地学原理[M]. 任美愕，李旭旦，译. 南京：钟山书局，1935.

[8] 阿·德芒戎. 人文地理学问题[M]. 北京：商务印书馆，1993.

[9] HOFFMAN W. Transformation of rural settlement in Bulgaria[J]. Geographical Review, 1964, 54（1）: 45–64.

[10] 高永涛. 快速城市化背景下的乡村住区系统演变[D]. 武汉华中师范大学，2009.

[11] 马晓冬，李全林，沈一. 江苏省乡村聚落的形态分异及地域类型[J]. 地理学报，2012，04：516–525.

[12] 周心琴，张小林. 我国乡村地理学研究回顾与展望[J]. 经济地理，2005（2）：285–288.

[13] 金其铭. 我国农村聚落地理研究历史及近今趋向[J]. 地理学报，1988（4）：311–317.

[14] 韩非，蔡建明. 我国半城市化地区乡村聚落的形态演变与重建[J]. 地理研究，2011（7）：1271–1284.

[15] 朱彬，马晓冬. 苏北地区乡村聚落的格局特征与类型划分[J]. 人文地理，2011（4）：66–72.

[16] 胡翯. 民国镇宁县志[M]. // 古籍影印本. 黄家福，段志洪，编. 中国地方志集成. 贵州府县志辑（44）. 成都：巴蜀书社，2006：467

[17] 吴良镛. 广义建筑学[M]. 北京：清华大学出版社，1989

[18] 周政旭，封基铖. 生存压力下的贵州少数民族山地聚落营建：以扁担山区为例[J]. 城市规划，2015，（09）：74–81.

[19] 谢玲，李孝坤，余婷. 基于GIS的三峡库区低山丘陵区乡村聚落空间分布研究——以忠县涂井乡、石宝镇为例[J]. 水土保持研究，2014（2）：217–222.

（本章已刊载于《住区》2017年第1期）

聚落空间形态研究

本章作者：周政旭，程思佳

摘要：千百年来，贵州以其独特的地理环境吸引了众多少数民族聚居于此，经过长期的发展演化，形成具备特色的山地少数民族聚落。黔中白水河地区的布依族聚落群，在面临极大的生存压力的情况下，以生存适应性为前提，在聚落选址布局、村寨营建等方面充分体现对地理环境、生存防御及民族文化的呼应。以"生存理性"构建聚落空间格局并指导聚落营建，最终形成了"山—水—林—田—村"的特色格局。同时，不同聚落依据具体的微环境差异，又分化出不同的空间类型。白水河流域布依族聚落的生成发展背后隐藏着严密的生存逻辑，对其进行研究，不仅可以挖掘保护传统少数民族聚落重要的美学价值和文化内涵，也可为未来的可持续发展提供借鉴。

20世纪30年代，英国经济史学家托尼（R. H. Tawney）在研究中国农村时提出比喻："有些农村人口的境况，就像一个人长久地站在齐脖深的河水中，只要涌来一阵细浪，就会陷入灭顶之灾。"[1]这一比喻经斯科特（J. C. Scott）在其经典著作《农民的道义经济学》中引用后，"水深齐脖"似的生存压力已成为研究农民与农业生产的一个著名论断。"生存压力"不仅在农村经济社会结构等方面"无所不在"，也会对承载农民生产生活的聚落空间产生深远的影响。协调处理人与自然，尤其是与山水、与土地的关系，从中获得生存所必需的物质支持，是聚落营建过程中考虑的首要问题，并且体现在择址、初建、调适、展拓等聚落营建的全过程。由此，经过漫长形成和演变过程之后形成的聚落空间形态，必然深刻地体现出空间对于"生存"这一核心命题的回应。

相比平原地区的农村，崎岖的山地地貌和稀少的适耕平地，使得定居于贵州的少数民族群众面临更加严峻的生存压力。少数民族聚居之地往往位于地形更为破碎的地方，地处边远、山川阻隔、平地稀少，生存压力更为巨大。出于对基本生存条件的追寻，当地少数民族对少量散布于山间、适于耕作的河谷地带极为珍惜，并以此为基础，在朴素的"生存理性"之下，协调人类生产生活活动与山、水、林等自然要素的关系，构建出为生存提供坚实支撑的聚落空间格局。

其中典型之一是贵州省中部扁担山区白水河谷区域的布依族聚落群。白水河谷位于贵州省中部镇宁、关岭、六枝三县交界地带，整体地貌以喀斯特峰丛（峰林）谷地为主，白水河及其支流穿行于乌蒙山系之间，在地质抬升与水体溶蚀的共同作用下，形成"西北—东南"走向的河谷平坝，当地形象地称之为"槽子"地形。该河谷地带上起六枝县城，下至黄果树瀑布，长约30km，宽约1000m，正是当地崇山峻岭之中少见的较为适宜农耕的定居之所。布依族很早就在此定居，在河谷之中，散布着大小百余个布依聚落。通过对白水河谷地带"四十八寨"的调查研究，我们发现经过漫长的形成发展历史过程之后，聚落空间形态充分体现了对外部环境挑战和族群内部生存需求的呼应，形成了"山—水—林—田—村"的整体空间格局[2]，体现出了朴素的生存理性与生态智慧。

2.1 引言：面临的生存压力

白水河谷地处平地稀少的黔中山区，喀斯特地貌的特点使地质灾害频繁，同时在历史上还屡遭战乱影响，以上因素都使得聚居在此的布依族民众，自聚落营建伊始即面临着巨大的外部生存压力。

2.1.1 可耕地资源匮乏

可供耕作的平地对于早期农耕民族具有重要意义，是其赖以生存的基础。贵州省平地资源匮乏，是唯一没有平原支撑的内陆山地省份。"黔省田地俱在万山之中，土薄石积，固属难开"❶是对此极为贴切的形容。从地形来看，以喀斯特高山峡谷为主，并多被山脉、水系分割破碎，呈现出"重岗峻岭，众溪环绕"❷与"山川险阻，林箐蓊郁"❸的特点。根据《贵州省地表自然形态信息数据量测研究》显示，白水河谷区域所处的镇宁、关岭、六枝三县坡度低于6°的平地国土面积比重分别仅为15.1%、13.6%与15.0%，平地与缓坡地的比例极低，并且主要分布在河谷平坝地带，其余均是难以耕作的坡地。其中，白水河谷区域是当地少有的几处具有较多平地的地带之一，在地形地貌与水文地质的共同作用下，在较为平坦的"槽子"底部冲积了一定的土壤基层，较为适宜耕作，这也是当地布依聚落主要集聚于该河谷平坝地带的原因。

2.1.2 地质灾害多发

黔中白水河地区是典型的喀斯特地貌区之一，地层以石

❶第一历史档案馆编《康熙朝汉文朱批奏折》，"康熙五十五年八月护理贵州巡抚事务布政使白潢奏折"条
❷（光绪）《镇宁州志》卷二《形胜》
❸（道光）《永宁州志》卷三《形胜》

灰岩为主，岩层保水性差，生态系统十分薄弱。加之人类大量的开发活动导致山体植被严重破坏，水土流失现象频发，形成喀斯特地区典型的"石漠化"现象。旱季易发生干旱，雨季则容易发生洪水及泥石流，地质灾害成为该地生存的重要威胁。最近的2010年，该地区的关岭县岗乌镇大寨村因连日降雨引发泥石流，造成107人被掩埋。自然灾害频发也导致该地饥荒严重，生存条件残酷。据关岭县史料记载，康熙五十二年"秋冬淫雨，田无获"，雍正五年"涨水，陆地成潭" ❶，几近一县范围内耕作歉收，嘉庆年间，发生过多次大旱及饥荒。

2.1.3　战乱频仍

该地区在历史上多次遭受战乱袭扰。明朝初期，出于平定边地的考虑，中央王朝于黔中地区大量设置兼具军事驻防与农田垦殖功能的"卫所"与"屯堡"。身份、文化等方面的冲突不断，更重要的是对赖以生存的耕地等资源的争夺，使得该地区成为屯堡军民与原土著少数民族发生冲突较为激烈的地区[3]。清朝至民国时期，当地又多次被卷入反抗与剿抚的战乱之中，贵州在清朝雍正乾隆年间、乾隆嘉庆年间、咸丰同治年间曾发生三次较大的苗民起义，尤以后者规模为最大。白水河谷地区也多次被波及。在长时期的战乱纷争中，流寇四起，村落常遭洗劫，这也对定居于此的布依民众的生存与安全带来极大影响。

2.2　河谷层面的选址考量及聚落分布特点

为应对以上生存压力，聚落从选址开始就需要作较为全面的考量。在白水河谷，经过漫长的发展演变过程，沿河谷分布的布依族"四十八大寨"的分布具有一定的特点，一般位于河谷边缘的山脚至山腰地带，沿河谷呈约1km间隔分布，

❶（道光）《永宁州志》卷二《灾祥》

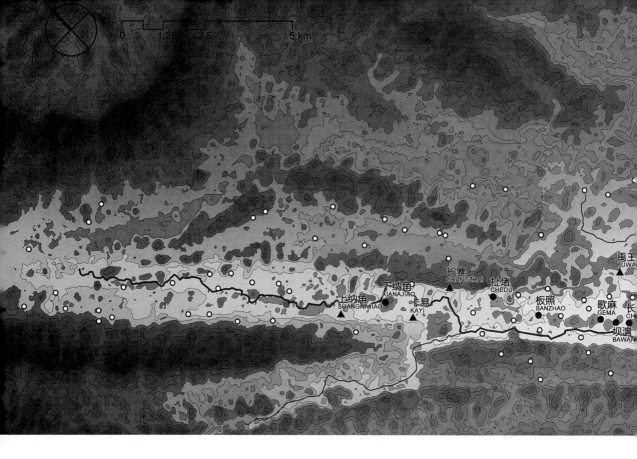

同时聚落的规模相对均等。

图2-1 白水河谷布依族聚落分布及空间
形态类型划分

2.2.1 聚落选址

布依族作为贵州原居民族，历史上就有过"本地""土
人"等各种汉称，相对于汉族的"客家"、"客边"，说明布依
族先于汉族居住于贵州的史实；布依族也是依水而居的少数
民族。布依族又称"种人"或"种家"，充分体现其以从事水
稻种植维生，并且依水而居的特性。[4]对于主要从事农耕的
布依族来说，可耕作的土地是其定居的基础，贵州平地和耕
地资源匮乏，相比之下，扁担山区的"槽子底部"相对平坦，
且具备一定灌溉条件，实属山地难得的耕地资源，尤为珍贵。
因此，早期的布依族便在此择定居址，进行农耕生产，维持
自给自足，并不断发展壮大。明朝屯堡入驻，占据了黔中地
区大部分平坦肥沃的土地，相比之下，扁担山槽状谷地平坦
的土地有限，远离湘滇战略通道，并非军士屯驻的最佳之地。
同时该河谷两侧山岭险峻，仅有两端的狭窄入口较易通行，

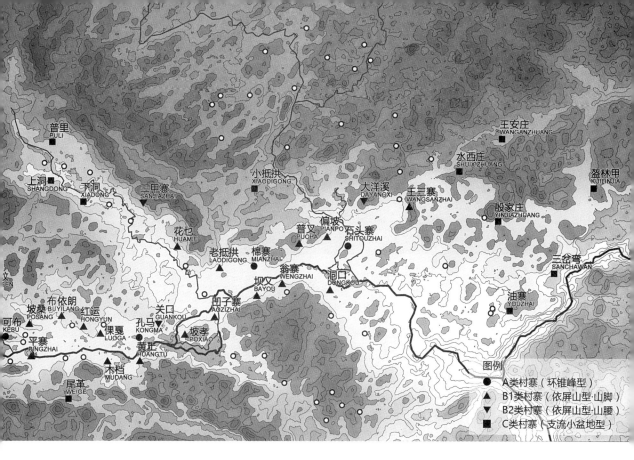

普里 PULI
上洞 SHANGDONG
下洞 XIADONG
三甲寨 SANJIAZHAI
花也 HUAMIE
老抵拱 LAODIGONG
小抵拱 XIAODIGONG
大洋溪 DAYANGXI
王三寨 WANGSANZHAI
偏坡 PIANPO
普叉 PUCHA
石头寨 SHITOUZHAI
棉寨 MIANZHAI
翁寨 WENGZHAI
洞口 DONGKOU
坝文 BAYOU
凹子寨 AOZIZHAI
关口 GUANKOU
孔马 KONGMA
坡孝 POXIAO
黄土 HUANGTU
布依朗 BUYILANG
坡桑 POSANG
红运 HONGYUN
倮戛 LUOGA
可布 KEBU
平寨 PINGZHAI
木档 MUDANG
尾革 WEIGE
王安庄 WANGANZHUANG
水西庄 SHUIXIZHUANG
签林甲 KUILINJIA
殷家庄 YINJIAZHUANG
三岔弯 SANCHAWAN
油寨 YOUZHAI

图例
● A类村寨（环锥峰型）
▲ B1类村寨（依屏山型·山脚）
▼ B2类村寨（依屏山型·山腰）
■ C类村寨（支流小盆地型）

具有易守难攻的天然优势。因此，布依族聚落得以在此相对安稳地生存下来，繁衍生息（图2-1）。

在河谷内部，聚落点的选址充分体现了农耕社会对于可耕作土地的珍视，"占山不占田"是选定村庄建设用地的基本原则，村庄多建设于河谷边缘的山脚至山腰地带，将河谷平坝土地尽数用于耕作。河谷中央的白水河作为耕作与生活的主要用水来源，成为联系几百个村寨的纽带。同时，河谷两侧的高山形似天然屏障，既为河谷形成较好的微气候提供条件，更因其易守难攻的特点提高了河谷内聚落的军事安全性。河谷聚落的选址，充分体现了"最大程度上取自然之利，避自然之害，造就自己安居的乐土"[5]的生存智慧。

2.2.2 聚落分布

总体来看，扁担山区的四十八寨在空间上的分布体现较强的线性特征，随着山形水势在空间上成较为均匀的组团串联式分布，距离往往相距约1km（图2-2，图2-3），既保证田

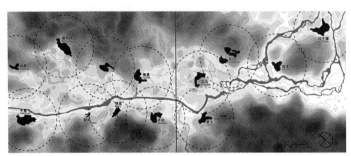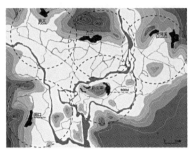

图2-2 河谷中段聚落分布（圆圈为1km
直径）

图2-3 河谷下游段聚落分布（圆圈为1km
直径）

地的充足供给，也为彼此保留相对充分的发展空间。村寨规
模也比较稳定，小寨数十户，大寨则几百户。

从聚落密度图（图2-1）可以看出其具有明显的沿河谷线
性分布的特点。主要集中于核心的河谷地带，相对于上游地
带，下游土地更为平坦肥沃，因此其聚落分布更为密集。同
时，部分支流灌溉地区深山之中少量的肥沃土地，亦能形成
良好的聚居条件，也成为聚落的集聚之地。

2.2.3 聚落规模

白水河流域的布依族聚落以中大型村寨为主，聚落面积
多为1~3km²。人口多为数百人。聚落规模与生存资源的集约
合理利用以及民族自身的文化特性有关。村寨形成后，在生
态容量允许的情况下进行人口的稳量增长，开垦田地，建设
房屋，扩大村寨规模。一旦聚落范围内的农田或建设用地难
以支撑聚落的人口增长，村民往往会在原有聚落范围之外寻
找新的合适地点继续开垦田地。1km的合理距离被普遍采用，
既保障每个寨子的生存需求，又留有缓冲的发展空间，同时
避免给自然环境造成太大压力。

从空间上总结聚落规模有以下特征：位于河谷核心地带
的布依大寨往往规模相近，往往决定于往返田地劳作的经济
时间；位于山腰地带的聚落规模往往小于山脚地带的村落，
同样是由往返田地的时间决定；位于支流小盆地的聚落，规
模主要决定于盆地的田地大小。

2.3 聚落营建的"生存逻辑"及其理想空间格局

乡村聚落作为民众生存的家园，其空间营建必须以农耕为基础，充分考虑生存的需求。对于喀斯特山地河谷地区的白水河谷地带，其聚落营建尤其需要应对沉重的生存压力，协调处理人与自然的关系，充分整合聚落各空间要素，以"生存逻辑"加以营建与调适，最终构建"山—水—林—田—村"的整体空间格局。

2.3.1 聚落空间的构成要素

在研究聚落空间营建之前，首先需要厘清聚落空间的范畴及其构成要素。此前对聚落的关注多集中于由民居、构筑物等组成的村庄，但是，聚落绝不仅仅是民居或民居的简单叠加，而是"人们多种多样生活和工作的场所的集合"。吴良镛在《广义建筑学》中对聚落的范畴作了说明，"一个聚落的组成，固然要有人工的构筑物"，还包括"构筑物之间的组合的内部空间，以及它的外围经过改造的自然环境"[5]。因而，聚落的范畴应该界定为当地少数民族发生日常生产生活活动，赖以生存繁衍的空间基础。从这个角度出发，聚落绝不仅仅是由民居等构筑物组成的村庄，而是包含了周围山体、河流、田地、树木等在内的范畴。这与当地民众的传统空间认知也相符。针对白水河谷地区而言，我们认为山、水、林、田、村等，构成了聚落的主要空间要素。

"山"构成了地形基本骨架，限定了聚落空间的大致范围，并为整个聚落提供庇护。白水河谷地形较为特别，两条西北—东南走向的平行高耸山岭限定了河谷的空间范围，扁担山区的大部分聚落均位于该河谷内部，各聚落选址也纷纷以两侧的山岭为依托。

"水"是串接白水河聚落群的重要纽带，并提供人畜饮水与农田灌溉，是聚落民众赖以生存的重要因素。除了直接提供人畜饮用之外，它作为重要的灌溉来源，与田地形成相互依存的关系。水源滋润使得平坝地区形成肥沃的农田，也具备持续生产的条件。

"林"在聚落空间中起到生态涵养等重要作用。布依族具有崇拜山林的文化传统，因曾体会过山林生态破坏所造成的恶果，之后引以为戒，以乡规民约、祖训等方式规训村民，将山林尊崇为"祖山林"，并将树木的茂盛与否将族群的兴旺与否联系起来。[4] 同时，山林在历史上还为村民提供狩猎、采集的部分物资来源，在一定程度上改善村民的生活。

"田"则是聚落生存的首要关键要素。白水河谷地带少量易于耕作的农田对居民生存起到关键作用，聚落选址的核心首要就在于选取适宜耕种的土地，以解决最基本的生存问题。

"村"以民居建筑等人工建成空间为主，主要满足村民居住与生活的需求。在村民的日常生活中处于重要位置。白水河谷地带的布依聚落，为了应对频繁的战乱，往往十分重视其防御性能，还形成了"坉"等极具特色的防御设施。

2.3.2　聚落营建的"生存逻辑"

广泛流传于当地布依族中，表现其先祖开天辟地并营建聚落的古歌《造万物歌》，在很大程度上体现了民族空间营建的整体认知。其中，圣人"翁杰"，在"造天造地"之后，依次"造泥土"，"造山坡"，"造田地"，"造房屋"，"造路"，"造场"等[6]。从中我们可以看出，其聚落营建充分地体现了"生存导向"。对当地布依聚落空间营建过程的考察中，我们发现扁担山区白水河流域布依聚落群的营建中蕴含着自身十分严密的生存逻辑：

第一，在区域层面，布依民众"自由选址"、"自发兴建"，却基本保证了村寨间约1km左右的间距，形成十分明显的分布规律。这是根据田地、水源等实际情况，遵从村庄规模适度、占据相对应的适量生存资源（尤其是田地）的原则，逐步形成聚落合理的分布情况。这从区域层面体现出"生存逻辑"下的空间分布规律。

第二，聚落层面，充分认识各空间要素对于"生存"的重要作用，遵循其逻辑，形成相对应的营建方式。如田在生存中扮演核心角色，聚落空间营建的首要任务即是开垦田地并加以灌溉，形成可供耕作的田地，同时村庄民居建设绝对"占山不占田"；再如防御战乱需要注重山势的有利地形，同时更需对村寨加以针对性的营建，构筑寨墙、寨门等防御设施，同时在村庄内外规划建设具备高度防御性能的"地"。

第三，认识到各空间要素在发挥生存功能方面存在"一荣俱荣、一损俱损"的关系，不可偏废，因此需要高度重视各空间要素的协同作用。如在当地聚落营建中曾出现过超额采伐山林，造成来年水源枯竭影响稻田耕作、泥石流易发摧毁村庄民居的教训，后来民众逐渐认识到"林"的关键作用，不仅能提供建造村庄所用的建材，还能起到涵养水源、水土保持等重要作用，此后"存蓄山林"即成了当地聚落的共同准则，并且通过祖训、村规、村际公约等方式加以固定。

如上分析，在当地聚落自然演进，有机生长，自我调适的过程中，其聚落空间营建的根本是"生存的逻辑"，也即"生存理性"。

2.3.3　"山—水—林—田—村"理想空间格局

正是从上述生存的逻辑出发，经过长期的发展演化，扁担山区的布依族村落在考虑生存适应和民族文化的基础上，因地制宜，普遍形成了"山—水—田—林—村"的整体空间格局（图2-4）。在这一格局中，连绵山峰环绕村落，为人的居住提供庇护；溪流在村前田间流淌，以供引用，并方便田地灌溉；田地充分利用山间平地，为人提供最为基础的食品保障；树林覆盖山地，以维系生态，同时保护村寨免受泥石流等自然灾害影响；而村庄住房依山而建，绝不侵占田地，

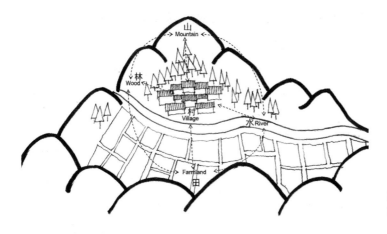

图2-4　聚落人居环境"山—水—林—田—村"典型模式

各自具备特色。[2]

在这一理想格局中，"山—水—田—林—村"的聚落形制是不可分割的整体，村庄与各要素间的关系，都与生存需求紧密关联，并且以不损害后代继续生存的能力、实现可持续发展为重要前提，体现强烈的"生存理性"。

2.4　聚落空间形态类型划分

扁担山区的四十八寨整体满足"山—水—林—田—村"的聚落格局，群山环绕，一衣带水，整体上是对山形水势、生存防御、社会文化等方面的回应。但具体来看，各个山体与河水形成的微环境又各不相同，对聚落的细微形态产生影响，形成"山—水—林—田—村"的理想空间格局，适应不同的选址与营建条件，形成各具特色的空间形态类型。

聚落选址往往与"山"这一要素紧密相关。村寨选址绝不选择开敞的山冈地带，而是选择背靠险峻的山头，便于战乱时期的据险力守或是隐蔽撤退。

通过对白水河谷地区进行调研，依照村落选址与山体的关系，可将聚落空间形态分成三个主要类型，即环锥峰型、依屏山型和支流小盆地型。其中，依屏山型又可进一步划分为山腰型与山脚型两种亚类型。各形态类型在河谷中的分布情况如图2-1所示。

2.4.1 环锥峰型

环锥峰型聚落倚靠河谷中央的独立圆锥山峰，且一般位于山脚下，并沿等高线逐渐生长，向山腰位置蔓延。寨前田地丰茂，白水河绕村蜿蜒而过。这类村寨的典型代表有革老坟和孔马村。

如革老坟村处在一面开口、三面围合的山坳中，数条山溪随山势流出山坳汇入白水河，滋养该片农田。村寨背靠独立的小山，树木青葱，山上有一坨，村寨南、东、北三侧均由高山庇护，树木十分茂密。革老坟村防御体系明显，最外围的寨墙至今仍能看到遗迹，寨墙上共有四道寨门（图2-5～图2-7）。

孔马村位于白水河中下游，南面靠山。山上树木丛生，繁茂兴盛。北侧面向开敞田坝，环有四个独立山峰，形成合围的态势，正北侧山丘为该村坟山。背依的山后，是蜿蜒流过的白水河（图2-8～图2-10）。

图2-5　革老坟村实景图

图2-6　革老坟村聚落平面图

图2-7　锥峰、村寨与寨墙关系

图2-8　孔马村实景图

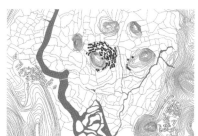

图2-9　孔马村聚落平面图

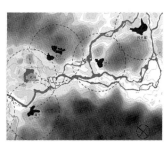

图2-10　孔马村周边环境图

2.4.2　依屏山型

依屏山型聚落主要倚靠河谷两侧的连绵山岭，面向广袤河谷平坝，具有开阔的视野。大部分村寨在山脚下开始生长，也有部分村寨从半山腰开始生长。根据村寨位于山体之上的位置关系不同，又可分成山脚型和山腰型两种。山脚型代表村寨有布依朗村和殷家庄村，山腰型的代表村寨为大洋溪村和关口村。

布依朗村位于河谷中段，属扁担山乡。从整体环境来看处于"槽子"边缘略凹进的一处山坳中。山坳南向河谷开口，村寨侧立，东向、北向、南向倚靠后山，形成对村寨视线和防御上良好的庇护。村寨西向面对开敞农田，白水河支流自北向南流过，维持村寨给养（图2-11～图2-13）。

关口村位于河谷中段，同属扁担山乡，坐落于山腰中央，与孔马村隔水相望。大多数依屏山型村寨位于山脚下，而关口村位于山腰，原因可能缘于防御性要求，易守难攻，且对河谷平坝地区保持良好视线（图2-14～图2-16）。

图2-11　布依朗村实景图

图2-12　布依朗村平面图

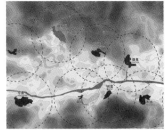

图2-13　布依朗村周边环境图

图2-14　关口村实景图

图2-15　关口村聚落平面图

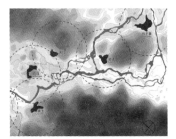

图2-16　关口村周边环境图

2.4.3 支流小盆地型

支流小盆地型聚落往往离白水河主干流一定距离，处于支流所流经的山谷盆地之中。山谷中央是农田，村寨自山脚随地势逐渐生长至山上。由于地处的山坳环境较为封闭，一般会形成一套单独的防御体系。这类村寨的典型代表是高荡村和果寨村。

高荡村位于城关镇西面。四面环山，村寨镶嵌在东、西、北三面山丘围合的缓坡地带。后村寨规模扩大，于对面南山形成高荡小寨，原村寨称为高荡大寨。村寨东向有一梭啰河（白水河上游），自西北向东南从山后拥护寨子流至下游，滋润灌溉着沿途的村落农田。高荡，是布依语"瓮座"的汉意，形容村寨坐落在崇山峻岭之中，恰似群峰托着一口锅。高荡大寨与小寨遥相呼应，依山就势，顺应山地等高线布局，鳞次栉比，秩序井然。高荡大寨还完好地保存着建于明代的小坉营盘和大坉营盘。两个营盘均具有御敌作用。小坉营盘位于村中凸出的一处锥峰之上，大坉营盘位于村后高山的顶峰，均有御敌与退守的军事作用（图2-17～图2-19），如今仅剩遗迹，原有形制依稀可见。

果寨村位于城关镇西部，共有住户700余户，包含汉、布依、苗等十多个少数民族，是杂姓大寨。村寨群山环绕，东部、南部、西南靠山，北部及西北部面向广袤田地。诸多锥

图2-17 高荡村实景图

图2-18 高荡村聚落平面图

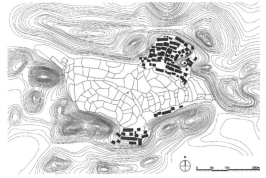

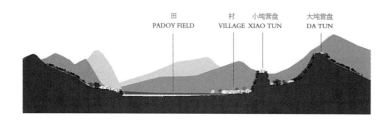

图2-19　高荡村剖面示意图

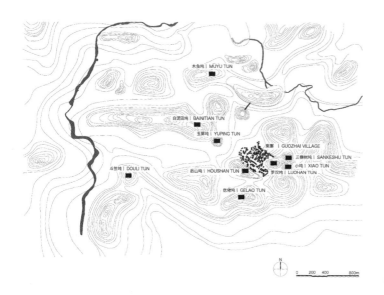

图2-20　果寨村聚落平面图

状山峰凸出于田野之上，清朝时果寨村民在九处山峰之上营建"坉"以求防御，扩展了村寨的空间范畴。白水河支流自村寨西侧南北向流过，给养村庄田地（图2-20、图2-21）。

图2-21　从罗汉坉环看果寨村及周边8坉

2.5　各类型聚落空间形态特点

在"山—水—林—田—村"的整体空间格局下，各类型的聚落空间形态表现出一定的不同之处。在对村寨与"水"、"田"、"林"，以及村寨与"坉"的关系进行分析的基础之上（图2-22），我们将对各类型聚落的空间形态特色进行总结。

2.5.1　村庄与田的关系

前文提到，布依族最早被称为"种人"或"种家"，体现其对水稻种植的强烈依赖，在其民族文化中，"占山不占田"是村寨建设的基本准则。布依族人民将河谷平坝开垦为耕地，与田地就近，依山建起供生产生活的村寨。

环锥峰村寨，田地分布在村落周围。依屏山型村寨靠山面田。支流小盆地村寨以自然山形地势构建出田地的边界。同时，在"占山不占田"的原则指导下，村寨大多位于山坡之上，沿等高线横向展开。

2.5.2　村庄与水的关系

虽然村寨最初选址很大程度上要考虑防御性需求，但战争毕竟不是布依民族的生活主题，传统的农耕生活和聚落的

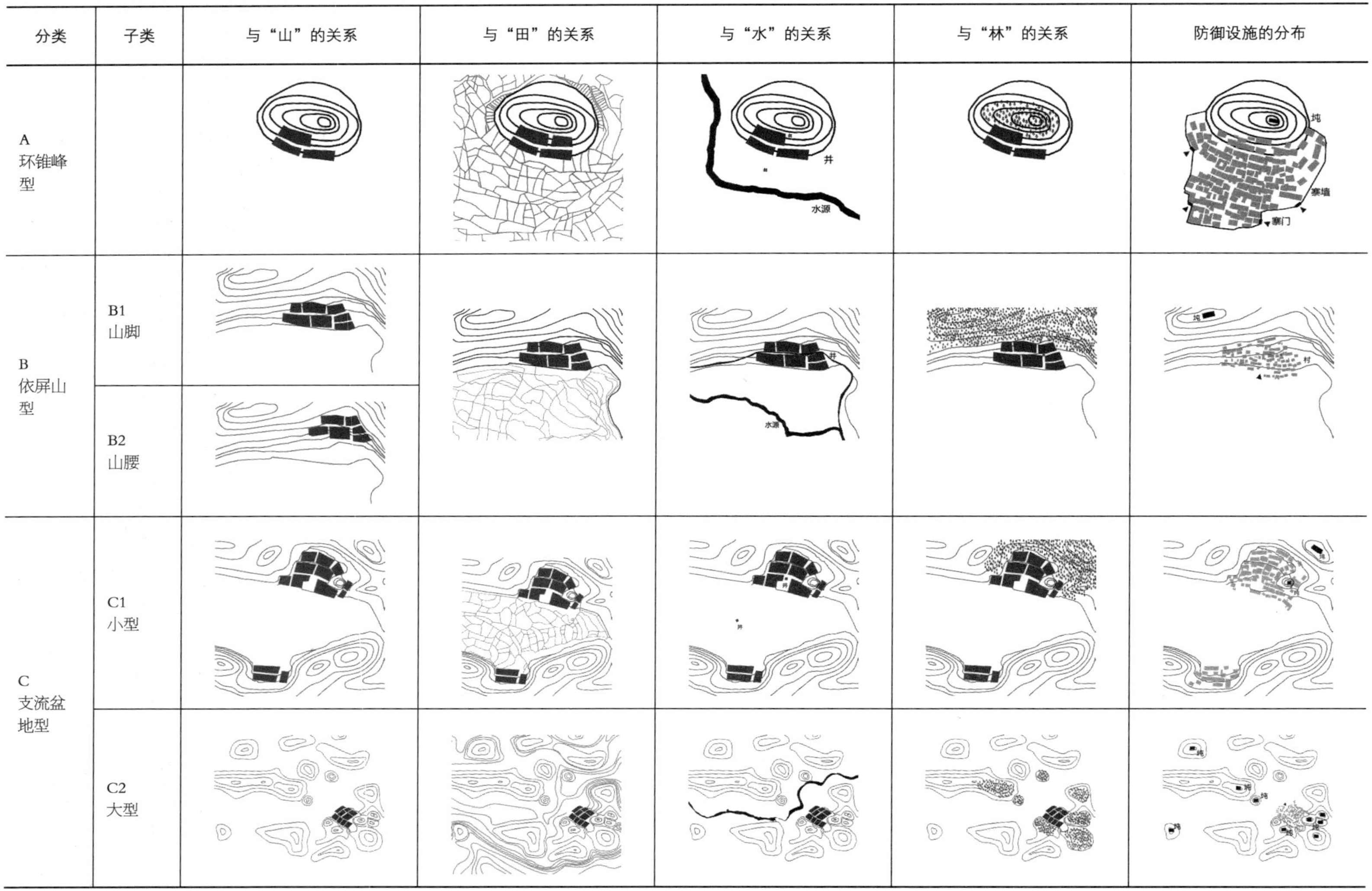
分类
子类
与“山”的关系
与“田”的关系
与“水”的关系
与“林”的关系
防御设施的分布
A
环锥峰型
B
依屏山型
B1
山脚
B2
山腰
C
支流盆地型
C1
小型
C2
大型
井
水源
墩
寨墙
寨门
村

图2-22 各类型聚落空间形态特征示意图

繁衍生息才是生存首要。因此，即使"占山不占田"，村寨也很少位于极其易守难攻的山顶，而是多位于山脚，少量位于山腰，就是出于方便用水，适于灌溉耕作的考虑。

环锥峰型村寨往往直接靠近白水河干流，由干流引渠进行灌溉。依屏山型村寨往往靠近山泉、小溪和河流支流丰富的地带。支流小盆地型村寨则靠近河流支流，或通过井水补给饮用及灌溉。

2.5.3 村庄与林的关系

村寨的后山均形成由山顶延续至山腰的林地涵养带，不仅反映村民渴望丰衣足食，家族兴旺的愿望，同时具有重要的生态价值。树林种植可以涵养水源，保持水土，防止泥石流、滑坡等自然灾害。具有典型喀斯特地貌的扁担山区水资源存储能力极差，降水时间又较为集中，一旦强降雨来临，大型自然灾害的发生概率极高。而种植山林，大量的落叶利于培育山体表面适于树木生长的土层，增强蓄水能力。同时，植物根系便于巩固土壤，防止滑落，保持水土。涵养水体转化为地下水，又为村民的生产生活提供基本保障。此外，山林还是村庄重要的生存资源，木材是民居木构件的重要取材，野生蔬菜和草药也为居民提供食物和医疗保障。可见，山林对村寨的生存发展具有十分重要的意义。

各类型聚落的村庄与树林具有相类似的形态关联，各村庄海拔上方的山岭，无论是锥峰峰顶，还是河谷两侧屏山的山顶，均覆盖较为浓密的树林。

2.5.4 寨墙、"坉"等防御设施

"坉"又称"营盘"，是非常具有地域特色的防御措施，其与村庄寨墙、寨门以及坉一起，构成完备的防御体系，为村庄安全提供最有力保障。坉一般建于明清，"清仁宗嘉庆二年，兴义苗变；窜及镇宁，安庄坡、白水河等地尽遭兵燹，

人民皆奔坉避之。"❶坉一般具有两个特性：一是作为战时自保和临时避难的场所，流寇来袭之时，退至后山"坉"中，保护村民生命和贵重财产；二是用以囤粮，在被流寇围困抢夺食物时，用以维持生计。此外，有些村寨的"坉"也具有山神祭祀的用途。"坉"一般建于山峰顶端，地势险要，易守难攻。当地村民就地取材，以大石修筑而成，并设屯门和用以观察攻击的孔洞等。

具体来看，环锥峰村寨的寨墙与陡崖一同构成起圈层的防御体系。房屋大多依山而建，自山脚向山上沿等高线构筑，错落有致，逐渐升高。建筑材料选用当地特有的页岩和石材，十分坚固。寨墙是同一山体高度上由民居外墙连成的完整界面。寨墙设置寨门用于防守抵御。部分村寨会依照不同的高度设置几层寨墙，达到层级式防御的目的。比如，石头寨就有三道寨墙。"坉"位于锥峰顶端，是防御退守的底线。依屏山型村寨往往村庄与"坉"分离，"坉"位于屏山上地势险要处，敌人来犯时退守"坉"中。支流盆地型村寨往往寨墙与坉结合，构成防御系统。例如果寨各姓村民在周边群山中各自选取特定山头修筑"坉"，环村寨成怀抱之势，形成九山九坉的区域防守态势。

2.5.5 聚落空间形态特点小结

通过对比研究不同类型的村寨发现，在"山—水—林—田—村"的总体聚落格局下，不同村寨会依据独特的地理环境演化出不同的空间形态。依据村寨与山体的关系，划分为环锥峰型、依屏山型和支流小盆地型三个主要类型，各类型具体在"水""林""田""村"各要素的关系上又体现出不同的特点，总结如表2-1所示：

❶（民国）《镇宁县志》卷一《前事志》

各类型聚落空间形态特点   表2-1

形态类型	代表聚落	"山—水—林—田—村"形态特点
环锥峰型	革老坟村 孔马村	1. 村寨往往位于河谷平坝地区圆锥形的独立山峰山脚; 2. 白水河干流往往绕村而过; 3. 锥峰顶部覆盖浓密的山林; 4. 村寨一般会有起到防御作用的寨墙和"地":寨墙往往由民居外墙并列连在一起形成连续的防御壁垒;"地"往往位于倚靠的后山之上
依屏山型	布依朗村 大洋溪村 殷家庄村 关口村	1. 一般位于围合成"槽子"的群山脚下(或山腰); 2. 隔农田面向白水河,通常还邻近白水河小支流; 3. 传统上,整个河谷边缘的屏山从山脊往下至村庄以上形成"山林带",后即使遭到开荒等破坏之后,村庄后方仍保持有茂密的山林; 4. 一般借助所倚靠的后山走势形成天然庇护,起到防御的作用,人工修筑的"地"等防御工事位于后方高山顶峰
支流小盆地型	高荡村 果寨村	1. 村寨往往被群山四面围合; 2. 白水河支流流经山间盆地,或从盆地边缘经过,同时通过井、泉等加以补充; 3. 山林普遍覆盖盆地边缘山峰以及内部锥峰; 4. "地"在防御中扮演重要角色,往往每个村寨不止一个;村寨在低处,"地"位于周边围合村寨的山丘顶部,俯瞰村寨

2.6 结论与讨论

通过对扁担山地区白水河谷地带的布依聚落的调查,尤其是对其中8个聚落的详细测绘,结合历史文献、地方志材料以及当地民族志材料,我们通过研究认为:

(1)由于特殊的地形地貌地质以及特殊的历史进程等原因,该地区布依民众一直面临着严峻的生存压力,着重体现在可耕地资源匮乏、地质灾害多发、战乱频仍等方面。生存压力对聚落选址、初建、调适、展拓等聚落营建的全过程均有重要的影响,因而其聚落形成的空间形态具有天然的"生存理性"。

(2)"生存理性"体现在河谷层面,首先表现为村庄选址主要位于河谷边缘的山脚与山腰地带,并且相互距离保持在1km左右,并且维持适中的聚落规模,以保证适量的土地、水源等生存资源能够支撑聚落民众的生存需求。

(3)在聚落营建层面,"生存理性"不仅体现在对聚落空

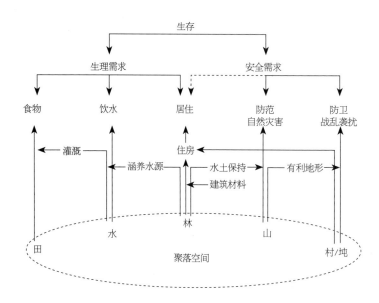

图2-23 "生存理性"下的聚落空间营建

间各要素的分别营建之上，更重要的是使之整合成有机整体，形成整体的"山—水—林—田—村"空间格局，这一格局正是当地少数民族赖以生存繁衍的空间支撑，具备朴素的生态文明智慧（图2-23）。

（4）在前述"山—水—林—田—村"理想空间格局的基础上，对白水河谷地带的布依聚落群进行了类型学与形态学研究，划分为环锥峰型、依屏山型、支流小盆地型3种类型，并分析了各类型的空间形态特点，进一步提炼了各类型的空间形态价值。

通过以上研究，我们认为扁担山区白水河流域的布依族聚落有几方面重要意义。一是挖掘与探讨在特殊地理环境下所形成的传统少数民族聚落的美学价值与文化内涵，作为我国历史文化遗产的重要部分进行保护提升；二是以动态的眼光来看待问题，理解空间形态与布依族生存理性的内在关系，方能为当今社会条件下的少数民族可持续发展谋求思路。

对于布依聚落文化遗产的精华，要予以甄别和保护。一直以来，"占山不占田"是布依族聚落文化中的重要组成部分，村寨营建时期形成的寨墙和"垅"等，也是特殊历史时期生存防御需求的体现。然而这些传统功能及其代表的农耕文明，在当今社会不再是迫切需要，受到快速工业化发展的强烈冲击。调研过程中发现，河谷田坝地区沿道路无序生长出许多新建房屋，形式并不考究，且空置率极高，"地"和"寨墙"等历史要素也几近废弃，仅留遗迹。这一方面说明传统文明中部分不适用于当代的功能，正面临被时代淘汰的危机，同时也警醒对于农耕文明的文化遗产，要明确态度，赋予其在当代的价值，勿在无控制的发展中遭到无法逆转的破坏。此外，对于快速发展带来的负面产物，要从规划层面进行严格管控，使祖先留予的遗产得以传承。

参考文献

[1] Tawney, H.. Land and Labour in China[M]. George Allen & Unwin, Ltd, 1932.

[2] 周政旭, 封基铖. 生存压力下的贵州少数民族山地聚落营建: 以扁担山区为例[J]. 城市规划, 2015 (09).

[3] 范曾如. 史证安顺屯堡的两重性——兼谈安顺山垧并非屯军堡子. 安顺师专学报. 1995. 8: 66-75.

[4] 贵州省民族事务委员会. 布依族文化大观[M]. 贵阳: 贵州民族出版社, 2012.

[5] 吴良镛. 广义建筑学[M]. 北京: 清华大学出版社, 2011.

[6] 贵州省社会科学院文学研究所, 黔南布依族苗族自治州文艺研究室, 编. 布依族古歌叙事歌选[M]. 贵阳: 贵州人民出版社, 1982.

[7] 罗建平. 安顺屯堡的防御性与地区性[M]. 北京: 清华大学出版社, 2014.

[8] 周政旭. 贵州少数民族聚落及建筑研究综述[J]. 广西民族大学学报, 2012 (07).

[9] (清) 李昶元, 彭钰等. 镇宁州志[M]. 贵州省图书馆, 2010.

[10] 贵州省民族事务委员会. 布依文化史[M]. 贵阳: 贵州民族出版社, 2012.

[11] 吴良镛. 中国人居史[M]. 北京: 中国建筑工业出版社, 2014.

[12] 吴良镛. 人居环境科学导论[M]. 北京: 中国建筑工业出版社, 2001.

[13] 藤井明. 聚落探访[M]. 北京: 中国建筑工业出版社, 2003.

（本章缩略稿已刊载于《建筑学报》2018年第3期）

聚落人居生态系统研究

A Research on the Settlements' Ecological System

摘要：贵州安顺市白水河流域为典型的喀斯特山地河谷地貌，数百年前布依族先民即开始在此营建居所并发展至今。植根于传统稻耕民族的生产生活方式及社会文化传统，与当地喀斯特山地河谷独特的自然地理环境紧密结合，河谷布依族聚落形成"山—水—林—田—村"的基本空间格局，蕴含着丰富的生态文明智慧。本章从河谷地带垂直特性上解析人居环境系统的结构层次，认为由山脊至河谷底部可依次分为山林涵养带、聚落—山林过渡区、村落聚居带、村落–稻田过渡区、河谷稻作带。文章分析了每个层次的特点、功能及相互之间关系。在前述基础上，本章分析并建构了该河谷区域人居环境生态系统垂直循环的过程模型。最后本章讨论了该系统面临的现状问题，提出延续喀斯特山地河谷地区人与自然的和谐关系的建议。

3.1 引言

贵州是一个喀斯特地貌广泛发育的内陆山区省份，其碳酸盐岩出露面积占全省面积的73.8%，山地丘陵面积占全省土地面积的92.5%。[1]与其他地区相比，不仅具有山地面积大、山体坡度陡的山地特征，还具备覆土层浅薄、成土速率缓慢、保水能力弱、水土易流失等喀斯特地貌特征，属非地带性的脆弱生态带[2]；另外，喀斯特地区地形破碎、环境较为封闭，人类对自然环境的依赖性更强，人们多数进行传统农业生产，生产生活又极易对脆弱的生态系统造成影响。那么，如何在这样脆弱的生态环境中创造一个良性循环的生态系统，实现人与自然的和谐相处，是值得关注的话题。

贵州安顺市白水河流域属于典型的喀斯特峰丛谷地地貌区域。河谷地带散布着近百个布依族聚落，自然山水结合布依族独特的生产生活方式与社会文化传统，组成了喀斯特山地河谷独特的人居生态系统。该系统区别于其他河谷人居系统的主要特征是喀斯特山地自然环境对人类活动的影响，以及人类生产生活活动对其的主动适应，这一互动关系在系统的垂直结构上有明显体现。本章以贵州白水河流域为研究对象，试图从该系统的垂直特性上研究人居生态系统的结构层次与生态价值。该研究有助于进一步研究喀斯特山地河谷聚落的整体生态过程，从而了解喀斯特山地河谷地区人与自然和谐人居环境形成的内在机制。

3.2 白水河河谷生态系统与布依族聚落

3.2.1 河谷地形地貌与生态系统

白水河发源于贵州省六盘水市六枝特区，由西北向东南流经镇宁布依族苗族自治县以及关岭布依族苗族自治县，在形成黄果树瀑布群之后汇入打邦河（北盘江支流），全长约50公里。其中，自六枝特区政府驻地至黄果树镇约30公里的一段，受山体抬升与水流溶蚀、冲积的共同影响，发育成典型喀斯特山地河谷地貌。本章以该段作为主要研究对象。

该段河谷海拔在800～1500m之间，地势较为平坦开阔，地表、地下水系都较发育，地下水埋藏浅且相对均一，土层较厚。河谷两翼多为喀斯特峰丛地貌，连绵起伏，参差错落。与中国南方其他喀斯特地貌相似，该地区山林自然植被以常绿阔叶林为主，植被具有嗜钙性、石生性等特点，适生树种少、生长慢，植被覆盖率低，生态系统对外界变化的响应程度高，敏感性强。[3]喀斯特河谷流域特殊的山水基底结合当地布依族聚落的传统农耕的生活生产方式及社会文化传统，形成了典型的"山—水—林—田—村"的基本空间格局。[4]喀斯特峰丛或峰林上生长的常绿阔叶林，形成聚落的天然屏障；聚落依靠着山体，面朝河谷，与周围山林相映成趣，融为一体；河谷区域适宜农业耕作，形成大片稻田，形成河谷地带人工稻作湿地生态系统。整个河谷中，山体、河流、聚落、山林、农田相互依存、浑然一体，表现出一种人与自然和谐相处的整体生态格局。

3.2.2 河谷布依族聚落

布依族先民很早就在此河谷地带定居，经过数百年的发展，沿河谷形成了近百个大大小小的布依聚落。当地普遍流传"布依四十八大寨"的说法，认为这48个布依村寨建寨时间较长，同时也保留较为完整的布依文化，周边的若干小寨子往往是由这48个大寨分支发展而成的。

各聚落内仍以血缘关系为纽带，同宗姓人在各自然聚落聚族而居。在整个河谷空间内，近百个布依聚落各自相距约800～1000m，沿喀斯特峰林或峰丛的山脚串联而成。各聚落的耕地普遍位于河谷平坝，历经数代人开辟灌溉系统、兴建田埂田坎等而成。出于节约耕地、防止洪涝，同时又便于耕作与取水的需要，村落居住点往往位于山脚至山腰地带，背依高山、面朝河谷。村落后方的山头则保持茂盛的树林，以起到涵养水源、防止水土流失的作用。布依族长期以来聚居于交通不便的山地或河谷地带，与外界相对隔绝。其独特的自然地理条件、生活生产方式和社会文化传统共同孕育了河谷地带极具特色的人居生态系统。

在文献查阅的基础上，笔者在河谷流域近百个布依聚落中，选取了8个典型且保存相对完好的聚落实地勘测（图3-1、图3-2）。8个聚落分别为高荡村、革老坟村、布依朗村、孔马村、关口村、大洋溪村、殷家庄村、果寨村，均位于黄果树瀑布上游，散布在河谷地带，由交通道路串联，且有着相似的"山—水—林—田—村"的人居生态格局。聚落居民多为世代居住的布依族（其中果寨稍特殊，它由多民族聚居而成，且规模相对较大），农耕为主，每个聚落人口约500～1000人，人均耕地面积较少，约为0.5～1.2亩。

图3-1　案例区位图

3.3 白水河河谷人居生态系统的垂直特征与生态功能

图3-2　调研布依聚落分布图

在白水河流域，山水基底与当地居民特定的生活生产方式和社会文化传统相互融合，形成了高原喀斯特山地典型的人居生态系统。该系统在垂直分布上总体呈现"三带两过渡区"，从上到下分别为山腰至山顶的山林涵养带、聚落与山林涵养带之间的过渡区、山脚至山腰的村落聚居带、聚落与稻田之间的过渡区、河谷坝子的水稻种植带（图3-3）。每个层次有独特的结构特征，不同的生态功能，各个层次之间又相互联系，形成完整的生态系统。

图3-3　白水河河谷垂直生态系统"三带两区"示意图

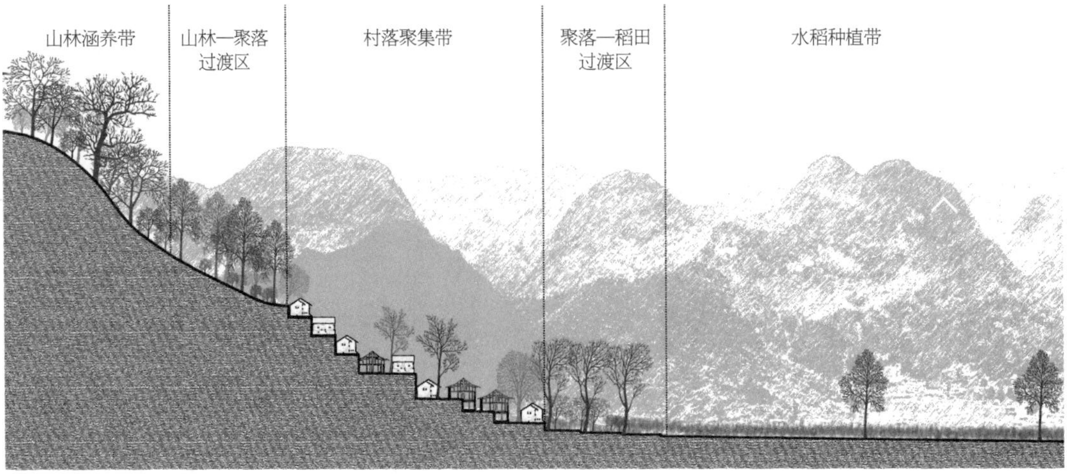

| 山林涵养带 | 山林—聚落过渡区 | 村落聚集带 | 聚落—稻田过渡区 | 水稻种植带 |

3.3.1 山腰至山顶：山林涵养带

布依族在"自然崇拜"的引导下，聚落傍山而建，在河谷两侧山体，以及河谷中央锥峰，都保有了由山顶延续至山腰的郁郁葱葱的山林涵养带。这一涵养带海拔最高可达1500m，最低可达村落民居所在的1000m左右。山林涵养带主要以常绿阔叶及落叶阔叶植被组成，乔木主要有翅荚香槐、梧桐、朴树、构树、刺楸、女贞、化香等，灌木主要有刺梨、马桑、盐肤木、多脉猫乳、胡枝子、青柴篱、火棘、珍珠荚蒾等，地被主要有蕨类、地石榴、野葡萄、悬钩子以及芦苇、芒等禾本科草本。在整个30km的河谷地带，山林涵养带持续分布于河谷两侧的山脉，部分地区由于人工干扰成为坡耕地，或退化为草甸，但村落上方仍然保留大片块状的山林。近年随着退耕还林政策以及人工干扰的减少，林木覆盖呈不断增加趋势（图3-4、图3-5）。

山林对聚落的生态意义主要体现在为聚落提供涵养水源，减少水土流失以防止泥石流、滑坡等自然灾害。白水河流域年均降水量达1900mm，但时间分布不均匀，主要集中在春夏两季，而喀斯特山区的岩溶作用形成了特有的裂隙、孔洞结构，裂隙或孔洞与地下管道相互连通，导致地表渗透强烈，水资源存储能力极差。[5]因此山林植被在水源涵养过程中，扮演着重要的角色：首先山林下层土壤表面有较厚的枯枝落

图3-4 殷家庄村水源涵养林
图3-5 布依朗村水源涵养林

叶积累，地表裂隙被枯枝落叶所填充，阻止了降水的强烈渗漏，加上林内温度变化幅度小，土壤表层蒸发较弱，形成了对植物生长十分有利的生境；其次，山林通过林冠截流、枯枝落叶的截持和林地土壤的调节来发挥其保持水土、滞洪蓄洪、调节水源、改善水质、改善小气候等生态服务功能；同时，山林储藏水分或地下水通过水井输出，供人们生活生产用水，其中"寨中井"井水主要为人畜饮用，散布于田间地头的"四方井"主要用于农田灌溉，从而保证了垂直生态系统水循环的正常运行。

此外，山林为居民提供了重要的生活生产资源。喀斯特地貌的石头山体主要为碳酸盐岩，它是建造住宅的主要材料；山上的木材可用作建筑梁柱、门窗、家具或装饰物等，以及作为柴薪；山林中还有很多野生蔬菜及中草药，为居民提供部分食物来源或医疗保障。

3.3.2　村落与山林之间的过渡区

聚落与山林涵养带之间的过渡区地势相对山林区更平缓。通过地表径流从山上携带枯枝落叶或山上泥土堆积于此，形成一定的土壤层。尽管土地与灌溉条件依然不便于稻作种植，但当地村民对此也充分利用，除了种植草本植物之外，还在这片区域选择种植香椿、慈竹等根系发达、繁殖能力强、可固土保湿的经济物种。香椿芽营养丰富，并具有食疗作用，其木材也可用于制作家具、农具、门窗等；慈竹竹笋可食用，秆材可编织竹器或作建筑局部用材。所以此过渡区可以看作是天然自然向人工自然转化的枢纽，它连接了自然山林，又为聚落居民提供了一定生存生产所需的物质资料。

然而，不是所有的聚落和山林之间都有明显的过渡区。少数村落如革老坟村、孔马村等依托于喀斯特峰林的孤峰，周边均是相对开阔的田野。孤峰山脚区域经济树种和自然植被混为一体，物种还是以香椿和慈竹为主，其生长状态明显优于自然山林植被，对山体水土保持、水源涵养也起到强化作用。

3.3.3 山脚至山腰：村落聚居带

山脚至山腰村庄聚居带是人们生活的主要场所。布依族人往往将民居集中布置于此带之中，依山而建，可尽享林木之利，同时又向河谷开敞，可尽享灌溉、饮水之便，也方便下田耕作；在村落的建设布局上，各民居往往依石山，沿着地理等高线成组成团建设。

由于喀斯特地貌山体演变程度不同，村落与山体的关系主要有三种：一是聚落依靠喀斯特峰丛，从山脚延续到山腰，背面和两侧依托山体，正面朝向开阔田园，如高荡村、布依朗村、殷家庄村（图3-6）等；二是聚落依靠喀斯特峰林，从山脚延续到山腰，聚落与山体融合，山体周边是开阔的平坝田园，如革老坟村、孔马村（图3-7）等；三是聚落建于喀斯特地貌峰丛山腰之上，四周有自然或人工植被环绕，如关口村、大洋溪村（图3-8）等。

村落建设总体上多数道路或巷道均沿等高线布置，但少数巷道垂直或斜穿等高线，或成缓坡，或成台阶。巷道铺设材料主要为自然石板或石墩，就地取材，简单朴素，石头间接缝无黏合剂，雨水可顺缝渗透，流入地下。房屋选址较为自由，与巷道形成纵横交错、形式多样的围合空间。

房屋与巷道之间，利用零碎空间，组成形态多样的公共或私人的"园地"（图3-9）。"园地"内多种蔬菜水果或经济树种作物，如辣椒、魔芋、韭菜、薏仁米、佛手瓜、南瓜、梨树、樱桃树、棕榈、竹、香椿等，也种有药用或观赏植物，如商陆、蓖麻、土人参、紫茉莉等，大大丰富了景观环境。

巷道或寨门的墙壁均用天然石块堆砌而成，石块与石块之间留有缝隙，缝隙之间自然或人工填有土壤，蕨类、仙人掌、龙舌兰、天竺葵等观赏植物茂盛生长（图3-10、图

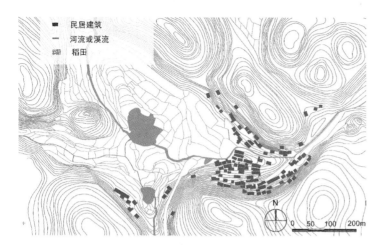

图3-6 殷家庄村平面图

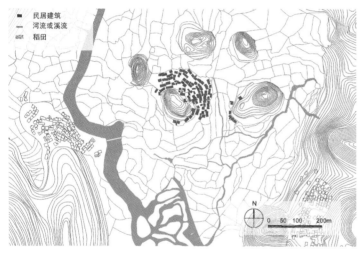

图3-7 孔马村平面图

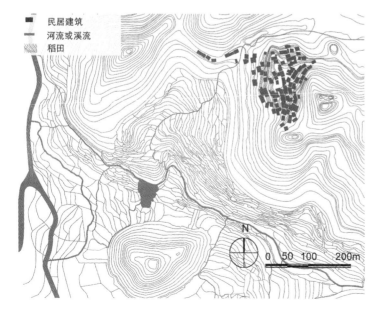

图3-8 大洋溪村平面图

图3-9　生态巷道空间　　　　　　　　图3-10　墙面生长的蕨类　　　　　　图3-11　墙顶生长的仙人掌

3-11）。另外，沿着墙体花池内还种有五叶地锦、佛手瓜、葡萄、藤三七等藤本植物。藤本植物与生长在墙体上的各种植物共同形成村落特殊的立体绿化。"立体绿化"结合屋前屋后的果树与灌木，形成自然而充满诗意的生活环境。

　　生态思想在布依族村落营建中主要体现在两方面。一方面是聚落布局和建筑设计"因地制宜"。为节约耕地，房屋大多建于不利于耕作的山脚或山腰，尽量利用原始地貌中的坡、沟、坎、台等微型地貌形态，随高就底修建，整体错落有致。由于当地湿气大，虫蛇多，因此房屋普遍采取"干栏式"，上层住人，下层则养牲畜或堆放杂物，以更好地适应地形、并避免湿气或虫蛇。另一方面是建筑"就地取材，因材致用"。建筑材料大量运用喀斯特地貌石山上丰足的碳酸盐岩，因此形成当地极有特色的石板房，基座、围壁、屋顶均为石材，木料运用极少，只限于门、楼板或少数装饰性物件，同时，家用器皿也运用大量石材，如石磨、石桌、石凳、石槽、碾子等，路、桥也用石材修筑。

3.3.4　村落与稻田之间的过渡区

　　村落与稻田之间的过渡区在空间上介于山地和河谷坝子两种地理形态之间。该过渡区一般可分为两种类型：一种是"台地种植式"，如高荡村、革老坟村、殷家庄村等，主要以农作物种植为主，如玉米、姜、毛豆等，在水源充足的地方也会直接种植水稻；另一种是"林木种植式"，如关口村和大洋溪村，主要受地形地势的限制，地势较陡峭，很难种植庄稼，因此保留了原有的自然植被，同时又会在可能的地方种植经济树种，如香椿、樱桃、冰脆李等，所以这个区域种植形式主要是经济树种结合自然植被。同时，这一过渡区通常存在由渠、沟、塘等构成的小型湿地，其中长有浮萍、芦苇、慈姑菰等水生植物。

此过渡区的形式或内容虽然不同，但均反映了布依族人依赖自然、充分利用每一寸土地创造物质条件的生活智慧。从生态角度理解，无论是台地结构还是植被区，都避免了村落和平坝大面积稻田的直接接触，有利于村落形成利于人生活的微气候，同时也加强了村落给予居民心理上的庇护感。更为重要的是，这一过渡区形成了村落生活与稻田耕作之间的缓冲，避免了聚落内产生的生活垃圾或生活污水直接排放至河谷坝子田园，而是通过层层缓冲、层层滤净的方式使其得以生态自净，所以，这一过渡带在一定程度上也是过滤带。

3.3.5 河谷坝子：水稻种植带

由白水河冲积而成的河谷坝子是聚居于此的布依民众赖以生存发展的基础。在约30km长的河段中，坝子宽约800～2000m，上游海拔最高处约1250m，下游海拔最低处约1050m，土地比较平整、河流纵横，是贵州省内难得的具备开展稻作生产条件的地区。作为我国最早种植水稻的民族之一[6]，布依族人通过几百年的经营，开挖灌溉系统、整修田塍土埂，形成了这片上万亩的河谷坝子水田，并且总结形成了完善的耕作技术和知识，主要包括选种、耕种、中耕、收获、储藏等。同时，水稻耕作已经融入布依族人民的生产生活、民族文化、甚至宗教信仰，孕育出了布依族独特的稻作文化。如当地布依族的重要节日"三月三"、"四月八"、"六月六"等都与稻谷的生产周期有关。

河谷坝子稻作带在生态系统中的重要作用主要体现在三

（左）图3-12　布依朗村河谷稻田
（右）图3-13　孔马村河谷稻田

个方面：首先，河谷坝子的稻作带作为居民物质资料的主要来源地，与周边山林和聚落关系更为紧密，如果没有稻作带，整个人居生态系统将无法维持（图3-12、图3-13）。其次，作为人工湿地，稻作带聚集了周边山林随雨水而来的土壤或枯枝落叶，逐渐发育成比较成熟的水稻土，水稻土土质黏重，易于保水保肥；聚落生活污水排入稻田，污染物被稀释、沉降、吸附、吸收和降解，水体也不断得到净化。最后，在河谷水循环过程中，稻作带主要表现为蓄水和导水作用，大气降水或四周山泉也汇入河流，成为河谷地带农业灌溉的主要水源。大面积人工稻田在雨季吸纳直接或间接的雨水（地表径流或山泉流水），供水稻生长，水分蒸发或蒸腾后又转化为雨水，维持整个人居系统垂直结构层次的水循环；另外，部分雨水通过喀斯特地貌岩溶地表渗入地下转化为地下水，在旱季时，地下水通过山泉或人工水井的方式缓慢释放，缓解旱情。

3.4　喀斯特山地河谷人居生态系统垂直循环过程

白水河流域河谷人居生态系统各个层次间联系紧密，形成了垂直循环的生态过程，其主要以喀斯特山地河谷地形地貌为载体，以水循环为主要媒介，从而带动各项物质和能量循环。

整个系统中，雨水通过地表径流从山林或聚落流入稻田或河流，稻田可以储水，河流可以导水；另外，雨水主要通过喀斯特地貌独特的空隙或裂缝，流入地下河，地下河水顺势而流，在特殊位置以山泉或水井的方式输出，供生活用水或农业灌溉用水。河谷地带通过蒸发或植物蒸腾作用形成的水汽又凝结成雨水。水如此循环，保证了河谷地带人居垂直系统中每个层次的需水量，孕育出喀斯特山林丰茂的自然或人工植被以及河谷人工稻作湿地。植被不仅是居民物质资料的宝库，更发挥着水土保持，水源涵养等重要生态功能；稻作湿地不仅保障了居民生活基本需求，对水源储存及小气候调节等也有重要作用。聚落位于山林和稻作湿地之间，居民可取山林之材建屋，又可食稻田之谷为生。

布依族民众的聚落营建过程，本身就是适应自然、适当改造形成人居生态系统的过程。其中，山体和河流形成整体自然基底，人类适应地形与自然改造形成水田与山林，并且在山—水之间营建居所。山体、水系、稻田、村落、山林等聚落人居环境的各个组成部分相互联系，融为一体。借此运行机制，整个人居生态系统得以稳定持续地运行（图3-14）。

同时，我们必须注意到该地区生态系统十分脆弱。与平原地区或非喀斯特地区相比，喀斯特山地河谷地区面临更大的"人—地矛盾"与更高的生态敏感性，也有过深刻的教训。从20世纪初开始，在沉重的人口压力之下，当地布依族人开

图3-14 河谷生态系统水循环过程

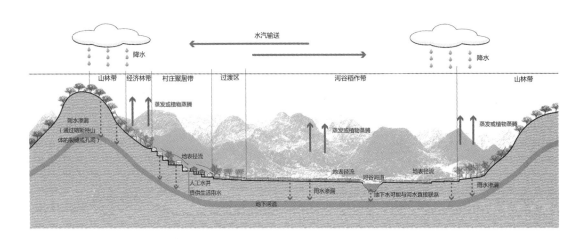

始开垦坡耕地，再加上20世纪50年代的大炼钢铁等非理性活动，当地不少聚落民众开始砍伐山林，使其变成可种植玉米、土豆等旱地农作物的耕地。山林在该生态系统中发挥的涵养水源、水土保持等作用受到削弱和破坏，很快，该地区部分灌溉稻田的溪水断流，甚至供村中饮用的井水也枯竭，同时村庄还易遭受滑坡、泥石流等自然灾害，这正是生态系统失衡所带来的后果。所幸，经过后来数十年的保育，该河谷地带的山林覆盖率已有了一定的提升，但仍需引以为戒。

3.5 结论与讨论

综上所述，白水河流域喀斯特山地河谷独特的地形地貌与自然环境吸引了大量布依人居住于此，其生产生活与自然山水耦合，形成了独特的"山—水—林—田—村"人居环境系统，构建了和谐、平衡的生态循环。河谷地带的人居生态系统具有清晰的垂直特性，各个聚落空间有着相似的结构层次，从山顶到河谷，可归纳为"三带两过渡区"，即山腰至山顶的山林涵养带、山脚至山腰的村落聚居带、河谷坝子的河谷稻作带，以及村落与山林之间的过渡区、聚落与稻田之间的过渡区，每个层次都有独特的生态要素及生态价值。以喀斯特山地河谷自然山水为基底，地形地貌为载体，水为主要媒介，各层次之间物质和能量得以交换或循环，使得整个人居生态系统得以正常运行。

然而，喀斯特环境本身就处于一种碳物质能量循环变异极强烈而快速的状态，具有环境容量低、生物量少、生态环境变异敏感度高、稳定性差等一系列生态脆弱特征。[19]近年来受现代化、城镇化的影响，原本闭塞的河谷区域也变得开放，人居生态格局的稳定性受到冲击，不合理的土地过度开发往往造成单个层次的生态功能大大改变，无论是新建筑在河谷稻作区蔓延、经济作物蔓延种植，还是毁林开荒、陡坡开垦等行为致使山林涵养水源、保持水土的功能衰退，导致基于喀斯特特殊地形地貌载体的物质和能量循环，尤其是水循环的阻断，从而导致整个垂直生态系统的良性运转走向不可逆转的解体。

千百年来，白水河流域布依族人民与自然环境和谐相处，形成了生态型的人居系统，具有很高的生态文明价值，值得我们保护和延续。然而，传统农业经济形态已不能满足人们的需求，我们需要在保持生态良好的前提下，促进经济可持续发展。因此，首先需要引导当地超载人口的有序转移，缓解人地关系的突出矛盾，避免山地开荒；其次，要改善农村基础设施，修缮传统民居，使其满足当地农民生产生活的新需要，在此基础上严格控制侵占农田的房屋新建；最后，充分发挥资源优势，调整经济模式，引入新产业，如养殖业、旅游业等，实现喀斯特河谷地区农业经济转型，使得人居生态系统得以延续并焕发新的生机。

参考文献

[1] 熊康宁，杜芳娟，廖静琳．喀斯特文化与生态建筑艺术[M]．贵阳：贵州人民出版社，2005：2-30．

[2] 李阳兵，王世杰，容丽．西南岩溶山地石漠化及生态恢复研究展望[J]．生态学杂志，2004（06）：84-88．

[3] 杨汉奎，等．喀斯特环境质量变异[M]．贵阳：贵州人民出版社，1993：12-36．

[4] 周政旭，封基铖．生存压力下的贵州少数民族山地聚落营建：以扁担山区为例[J]．城市规划，2015（09）：74-81．

[5] 赵中秋，后立胜，蔡运龙．西南喀斯特地区土壤退化过程与机理探讨[J]．地学前缘，2006（03）：185-189．

[6] 谷因．布依族稻作文化及其起源[J]．贵州民族学院学报（哲学社会科学版），2004（01）：89-92．

[7] 吴良镛．人居环境科学导论[M]．北京：中国建筑工业出版社，2001．

[8] 彭建兵，王耀富．布依族原始宗教信仰文化心理的发展变迁过程分析[J]．兴义民族师范学院学报．2012（02）．

[9] 周国茂．论布依族稻作文化[J]．贵州民族研究，1989（03）：14-20．

[10] 杨俊．布依族村寨乡村景观发展变迁研究[D]．重庆：西南大学，2007．

[11] 王鸣明．布依族社会文化变迁研究[D]．北京：中央民族大学，2005．

[12] 夏勇．贵州布依族传统聚落与建筑研究——以开阳马头寨、兴义南龙古寨和花溪镇山村为例[D]．重庆：重庆大学，2012．

[13] 李宗发．贵州喀斯特地貌分区[J]．贵州地质，2011（03）：177-181+234．

[14] 赵星．贵州喀斯特聚落文化研究[J]．贵州师范大学学报（自然科学版），2010（03）：104-108．

[15] 苏维词．贵州喀斯特山区生态环境脆弱性及其生态整治[J]．中国环境科学，2000（06）：547-551．

[16] 张喜，薛建辉，许效天，连宾，李克之．黔中喀斯特山地不同森林类型的地表径流及影响因素[J]．热带亚热带植物学报，2007（06）：527-537．

[17] 杨华斌，韦小丽，党伟．黔中喀斯特植被不同演替阶段群落物种组成及多样性[J]．山地农业生物学报，2009（03）：203-207．

[18] 王青，石敏球，郭亚琳，张宇．岷江上游山区聚落生态位垂直分异研究[J]．地理学报，2013（11）：1559-1567．

[19] 胡宝清，等．喀斯特人地系统研究[M]．北京：科学出版社，2014．

（本章缩略稿已刊载于《贵州民族研究》2017年第8期）

4

聚落公共空间研究

A Research on the Public Space of the Settlements

本章作者：周政旭，罗亚文

摘要：根据对贵州安顺市白水河谷地带48个布依族聚落的调研，尤其是其中8个典型聚落的测绘资料，本章对喀斯特山地民族聚落的公共空间系统展开研究。在分析其营建背景及影响因素的基础之上，首先依据功能性将聚落公共空间分为集会与交流空间、仪式空间、防卫空间、交通空间等四类；其次，通过形态学与类型学的方法，梳理喀斯特山地聚落公共空间的组合方式，笔者认为存在线性序列型、中心汇聚型、格网节点型三种基本类型，并由于防卫的原因衍生出区域整体型的特殊组合方式；最后对喀斯特山地聚落公共空间的特征进行总结提炼。希望以此为传承山地聚落的人居环境智慧提供参考。

4.1 引言

西南地区因其复杂的山地地理环境和多民族聚居的文化背景，形成特色鲜明、形态各异的少数民族山地传统聚落。建筑学界对于西南地区传统聚落的研究始于20世纪30年代，以刘敦桢、梁思成、刘致平为代表的中国营造学社对西南地区的典型住宅进行了西方古典建筑学方法的调查研究[1]。20世纪80年代以后，西南地区聚落研究发展较快，涌现出较多关于西南民居研究的文章，并有如彭一刚的《传统村镇聚落景观分析》[2]、蒋高宸的《云南民族住屋文化》[3]以及贵州省建设厅编著《图像人类学视野中的贵州乡土建筑》[4]等将民居建筑与文化环境结合研究的著作。经过几十年的研究探索，建筑学界在西南山地民族聚落研究方面，已经从微观层面的民居建筑单体出发，开始关注到更大尺度的聚落层面，并且从建筑学科的民居研究拓展为多学科融合的人居环境研究。但是，从类型空间的角度出发，相对民居等方面比较充实的研究成果而言，对该地区传统聚落的生产空间、公共空间等方面的研究仍显薄弱。目前，仅有少量的文献涉及，如针对贵州省屯堡[5]以及侗族聚落[6]的相关研究等。

公共空间，是聚落的重要组成部分，往往既构成空间层面的结构肌理主体，又是社会层面的活动载体[5]。西南山地民族聚落的公共空间除了具备以上属性之外，还因为地形、文化等原因，具备不同的特点。对该地区民族聚落公共空间进行研究，既是民族聚落研究的重要组成部分，也可从中深入分析自然地形、民族文化等方面对空间的影响，具有重要意义。

贵州省中部白水河谷地带为典型的喀斯特山地河谷地貌区，是山地民族——布依族的主要定居地之一，并且较为完整地保留了特色聚落空间与民族文化。沿河谷地带分布着数十个布依族村寨，在喀斯特地貌的山水基底与定居人类的农耕传统的共同作用下，形成这一区域独具特色的布依聚落总体[7-8]。公共空间是布依聚落的重要组成部分，并且较为系统地体现了山地与民族的特色。笔者在对该区域的数十个布依聚落进行调研的基础上，实地对高荡、革老坟、果寨、布依朗、孔马、关口、大洋溪、殷家庄等较集中地体现山地布依民族聚落特色的村寨进行了测绘，着重对其特色公共空间进行记录与梳理，本章将对其公共空间的类型、组合方式等方面展开系统研究。

4.2　布依族聚落公共空间的影响因素

布依族聚落作为喀斯特山地少数民族聚居的典型代表，其公共空间系统是喀斯特山水基底与民族文化长期互动作用，同时因应生产、交流、民俗仪式、防卫等多重需求，并且也深刻地受到其发展过程中特定历史阶段影响的结果。

4.2.1　自然山水基底

黔中地区是典型的喀斯特地貌集中区之一。区域内峰峦起伏，地形多变，北有乌蒙山屏障、南有云雾山诸峰，珠江水系之北盘江、南盘江、打邦河、白水河等则蜿蜒于群山峡谷之中。江河流经的河谷地带，形成大小坝子，土地肥沃，宜于农耕，是贵州省的主要产粮区之一[9]。

白水河发源于六盘水市六枝特区，流经镇宁、关岭等县，是黄果树瀑布群的上游河流。河水流经喀斯特山地，自六枝特区政府驻地起形成长约30公里，宽约1公里的河谷地带。河谷两侧是高耸的山脉，河谷内为较为平坦的坝子，并不时有喀斯特锥峰突起，这构成了该地区聚落形成的基础。首先，该地形直接影响聚落的选址和布局，河谷坝子通常留给稻田耕作，而村庄多选择河谷边缘的山地建设，由山脚向山腰发展，这奠定了聚落公共空间的山地特征；其次，喀斯特山地

的复杂地形对公共空间的组织带来极大挑战，山体的走向与
坡度、水系的走向与流量都成为影响村庄空间的重要因素，
尤其是大规模平地十分匮乏是组织公共空间首先面对的难题；
第三，喀斯特山地还为公共空间建构提供了地方化的建构材
料，当地岩层以石灰岩、页岩为主，便于整块或片状取用。

4.2.2　民族文化背景

聚落公共空间的功能、布局形态、文化内涵等深受民族
文化背景的影响，包括社会组织结构、民俗文化、宗教信仰
等因素不同层次地影响着聚落公共空间。

布依族是典型的山地稻耕民族，具有悠久的稻作文化传统。
因此，以水稻为代表的农作物生产渗入社会生活各过程，民族
文化中也形成了对耕作土地极为珍视、对生态维护极为重视等
朴素的观念，并且在民族节日庆典等生活景象中加以体现。

布依族宗教信仰中有朴素的祖宗崇拜与多神崇拜相结合
的特点。各种迹象表明，布依族早期经过了自然崇拜到崇拜
祖先，然后信仰多神的过程[10]。无论是在其传统宗教"摩
经"的记载中，还是在民众日常行事中，均体现出对自然万
物的崇敬之情，这也与布依族深厚的稻作文化息息相关。在
"三月三"、"六月六"等纪念性、祭祀性的传统节日中，布依
族民众隆重集会的一个重要内容也是祭祀祖先与神灵，祈祷
风调雨顺。

同时，布依族聚落的社会组织结构以血缘关系和地缘关
系为主，常常同姓聚族而居，亲族观念极为强烈。加之共同
的宗教信仰和相似的行为方式，村寨居民具有较强的同质性，
个人对于集体的依赖性较强，聚落整体呈现出一定的内向性
与封闭性。

4.2.3　战乱等特殊历史阶段的影响

该地区经历了明朝屯堡入驻、清朝多次战乱等历史时期，

并受到较大影响。明朝初年，中央政府设立贵州行省，并以"屯堡"的形式沿湘滇通道屯驻兵丁，屯堡的入驻同时意味着对原有居民生产生活空间的挤压。清朝时期，该地区经历多次少数民族起义与朝廷剿抚的过程，战乱纷争，流寇四起，有"三十年一小乱，六十年一大乱"的形容，村落常会遭遇洗劫。其中，清朝咸丰、同治年间，扁担山区经历了长达18年（1855年–1872年）的"乱世"，"致使民众大批死亡或逃散，大姓夷为寒族，大村夷为小寨；甚至有全家灭绝，村寨化为乌有者"[11]。在这一特殊的历史背景下，为躲避战乱与流寇侵袭，稳固的庇护环境成为基本的生存需求。当地布依族民众往往聚全村全族之力，构建聚落防御空间，以求自保，这也成为当地布依聚落公共空间的重要组成部分。

4.3　布依族聚落公共空间的类型

在聚落的景观中可以看到以几何学的构图表现出来的经过积年累月形成的制度[12]。聚落的公共空间可以看作是聚落共同体公共生产生活与精神信仰的空间表达，其中蕴含着独特的空间秩序与形式。公共空间服务于聚落居民的生产生活，村寨居民的日常交往、节日庆典、祭祀仪式、婚丧嫁娶、贸易、生产等活动都要在公共空间进行。公共空间的形式千差万别，所承载的公共活动种类繁多，依据功能进行分类，可将布依族聚落公共空间类型大致分为集会与交流空间、仪式空间、防卫空间、交通空间四种类型。

4.3.1　集会与交流空间

无论是日常生活中的交流交往，还是在各种各样的节庆活动中，公共空间往往成为聚落的空间核心，这是理解布依族聚落空间观念和民族习俗的重要切入点。我们必须首先指出，在布依聚落中，这一类空间往往脱胎于生产空间，并且与晒谷、取水等生产生活活动相混合。

（1）晒坝/广场

布依族聚落在选择寨址和建造村寨中对于村寨中心的重视，往往体现为公共活动集中的晒坝/广场空间。以农耕为生的布依族，稻谷的晾晒是一项重要的农事活动，因此修建晒坝就成为聚落营建的重中之重。相较于各家自行营建小块晒坝而言，山地聚落平地的稀缺性往往使得村寨公共晒坝成为较为理想的选择。由于晒坝在居民生产活动中的重要地位以及良好的空间环境，晒坝成为布依族聚落中最为重要的公共空间，也就成为聚落居民集会与交流的广场空间。对于布依族聚落而言，晒坝与广场是同一空间、不同时间的多元利用模式。晒坝/广场在收成时节用于打谷晒谷；闲于农事之时，居民在此休憩纳凉、闲话家常，或是纺线织布、蜡染织物；适逢节庆，如每年春节、三月三、六月六等节日期间，布依族人便欢聚于此，载歌载舞，祈求丰收，祭祀祖先。通常而言，在河谷平坝地区，晒坝建在地势较低的平坦之处；在山脚和山腰地区，便夯实坡地，形成宽阔平坦的台地。晒坝周围多以村寨的主要建筑围合，形成半封闭的公共场所。

白水河河谷地带的高荡村，具有典型的聚落广场空间。高荡村广场位于村寨的入口处，与通往外界的道路相连接，成为村寨的门户空间（图4-1、图4-2）。通向广场的巷道安排布置巧妙，避免广场的边缘有过大的缺口，防止广场结构过于开敞。广场三面以建筑围合，形成良好的围合感，同时连续的建筑界面，通过尺度和材质上的协调显得统一又富于变化；一面朝向稻田敞开，将自然的山水林田纳入广场的视野之中，也体现稻作文化在空间营造中的影响。

广场的平面呈不规则的五边形，通过材质和高差的变化自然形成了广场的两个空间单元。宽阔平坦的空地与整齐的铺装，作为广场的主要空间，多用于祭祀、节日庆典、红白喜事等临时性大型活动。由石块和顺应高差形成的土坎，划

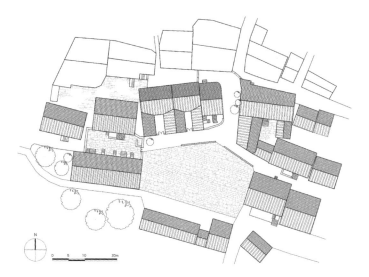

图4-1 高荡村广场平面

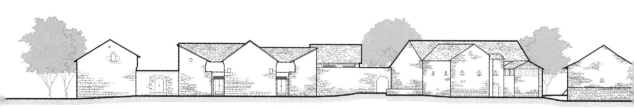

图4-2 高荡村广场立面

分出广场的周边空间，连接着多个院门以及水井与寨门形成的小型公共空间，形成居民日常交往发生最频繁的空间，这里也是村寨中最富人情味的公共空间。

（2）戏台

部分布依族村寨结合广场设置戏台，提供民族与地方文化的展演场所，成为聚落公共生活的重要组成。戏台往往位于村寨中心广场的一侧，背靠民居或山体，面向可供大量人群聚集的广场，形成具有焦点的集会空间。戏台前广场以石板铺砌，既可用于地方戏曲的表演和观赏服务，也可用于居民的日常集会和节庆、祭祀等集体活动，成为活跃度较高的复合公共空间。

（3）井口

喀斯特山地的布依聚落，饮用水源多以井水为主。村民往往在村庄内部适宜位置共同掘一口或数口井，以供全村生活用水。取水是各家各户日常的必需活动，因而井口往往也

图4-3 高荡村井口及村民活动

成为村民交流的场所，久而久之，井口空间的交流属性也逐渐固化，成为公共交流空间的重要组成部分。水井一般布置在街巷交汇处的平坦空间，以水井为焦点，形成小型的公共活动空间。水井不仅用于取水，低处的水井一般井口较宽，设置方便人们洗衣洗菜的石台。水井为邻里所共用，村寨居民经常一边淘洗衣物，一边闲话家常，成为村寨中最富生活意趣的节点空间。

镇宁高荡村的水井位于村口广场附近，村寨地势较低之处。水井空间约两米见方，东侧紧靠房屋院墙，北侧紧邻石块砌筑的种植池，西南两侧以一道石材砌筑的不规则弧形矮墙围合。矮墙高约40cm，既起到围合水井空间的作用，适宜的尺度也使其成为居民闲坐休憩的设施。井口空间一米见方，以大块平整的石板铺筑，石板经过多年井水的冲洗十分光滑。井口空间下沉，取水的井口就开在侧壁上。小型的水井，便能形成井口空间、水井空间和井旁空间三个空间层次，为邻里交往活动创造了场所（图4-3）。

4.3.2 仪式空间

布依族的自然崇拜、祖先崇拜、多神崇拜等信仰，都影响到聚落公共空间的营建，村寨中还保留着有祭祀、纪念和标志性等功能的仪式空间。

（1）土地庙

布依族历来崇拜自然，早期有祭祀山神、河神、土地神、灶神的传统。对于土地神的信仰根深蒂固，土地庙成为村寨重要的仪式空间，也往往成为聚落边界的标志物。土地庙是专门供奉和祭祀土地神的小型建筑，村民自发建造，通常以砖石砌筑而成，造型朴拙。土地庙一般体量较小，高度不超过一米，其中多供奉泥塑的土地神像，取其神似而不拘泥于形似。逢年过节村民在土地庙贴上楹联，燃起香烛，供奉果品，祈求五谷丰登。

白水河谷布依聚落的土地庙多设置在通往村口的道路旁，并且留出一定场地方便举行祭祀活动。大洋溪村的土地庙，颇具喀斯特山地聚落土地庙空间的典型性。大洋溪整个村寨皆坐落于山地丘陵之上，经过狭长山路才能到达村寨内部，村口林木翳然，高大乔木有守寨之意。古树草木掩映之下，道路旁设置土地庙，与山林葱郁的背景相衬，形成颇具宗教意味的门户空间，如土地神伫立于村口，庇佑着出入村寨的居民（图4-4）。

（2）入口

布依族聚落入口空间是地域性标志空间，限定村寨领域，

图4-4　村寨中的各式土地庙

石头寨入口

大洋溪村入口

图4-5 村寨入口

作为出入村寨的界限（图4-5）。进入寨门，表明进入由地缘和血缘为基础的居住领地，在文化上具有特殊意义，往往具备一定的仪式性。村寨入口的形式多样，大致可以分为三种：

一是通过石材等实体营造寨门。出于军事防御需要的村寨，常常将寨门结合寨墙布置，寨门就地取材，利用当地的大块石材，砌筑成敦实厚重的圆拱形寨门，具备防御功能，明确划分村寨范围，如石头寨。

二是通过特殊的选址与氛围的营建营造寨门的仪式感。布依族村寨由于选址受到限制，聚落的发展也因地制宜，没有十分明确的实体边界划定，"寨门"成为一种空间意象。一些布依族聚落通过选址的特殊性营造具有寨门意味的空间，强化村寨入口空间的仪式感。如大洋溪村选址于山腰，经过漫长的山路到达村寨入口，虽未有寨门寨墙加以限定，却通过数十级的台阶、两侧高大乔木以及台阶旁的土地庙加以强化。通过之后便豁然开朗，空间感受对比鲜明，形成颇具仪式感的"寨门"。

三是通过植物的特别配置等营造聚落入口的仪式感。布依族有些村寨组织比较松散，并不建造寨门，而是选取具有标志性的植物，或通过植物的特别配置，营造聚落入口的仪

式感。例如在寨口栽种两组大型乔木，或种植两丛高大绵竹，以此作为寨门，有"守寨树"的意味。如大洋溪村与关口村都通过高大乔木作为入口标志，结合植物种植，形成朴素自然的村寨入口空间。

图4-6　公共坟地

（3）坟地

在白水河谷布依族聚落往往有公共坟地，公共坟地处在村寨外的山上，既远离居住区，又处于聚落的田地范围。从聚落空间的范围来看，公共坟地是村寨的心理边界。布依族有同姓聚居的传统，同一村寨的村民多属于同一宗族。宗族在村寨外选取一定区域作为公共坟地的范围，坟地根据亲缘关系散布其中，形成独特的"坟山"景观。在重大节日，布依族居民在公共坟地祭祀同一宗族的祖先，成为维系宗族凝聚力的重要方面（图4-6）。

4.3.3　防卫空间

经历过历史上的多次战乱，尤其是明朝的屯堡入驻与清朝的"苗乱"，布依族村寨借助复杂的喀斯特地形提供的山水屏障，完善村寨内部的防御空间，逐渐形成布依聚落的多层次的防御空间体系。聚落中军事防御特点鲜明的公共空间包括：寨门与寨墙、街巷和作为防御据点的"屯"。

（1）寨门与寨墙

白水河流域布依族村寨多受屯堡文化的影响，寨墙和寨门组成村寨防御体系的第一道防线。寨墙结合地形，选取坚实敦厚的大块石材砌筑，形成村寨的外部屏障。寨墙上设置寨门，一般呈圆拱形。有的寨墙与碉楼、烽火台结合设置，有的村寨设置多重寨门，层层防御。

例如果寨寨墙，民国《镇宁县志》记载："道光四年五月建筑，有围墙约里许，开门四。一曰大门楼，二约小门楼，均有楼有碉；三曰上苑，四曰下苑，无楼仅有门洞出入"[13]。镇宁高荡村村寨的寨脚有寨墙围护，并有两个半圆石拱门与街巷相同，寨中还有5道石拱院门，将村寨分割成可作为防御单元的独立片区。再如革老坟村，其规模较大，寨墙绵延数百米，随着村寨扩张，寨墙只剩断壁残垣，记录着布依族曾经抵御外侮的历史。

（2）街巷

在布依聚落中，道路系统成为防御系统的重要组成部分。街巷根据地形变化高低起伏，宽窄不一，部分有防御功能的次要巷道狭窄曲折，且为尽端路，有围困敌人的作用。巷道纵横交错，将民居划分成小的防御单元，建筑宅院之间有后门连通，且与巷道相连，方便发生紧急情况时向后山逃生。巷道与其他的防御节点结合，有收有放，成为整体防御的一个部分（图4-7）。

图4-7　街巷

镇宁革老坟村的街巷布局体现了街巷作为防御空间的特点。革老坟村建筑排布比较密集，村寨内留有场坝、戏台等开阔的公共空间，而巷道随着地势起伏，狭窄曲折，且不像一般村寨的街巷呈环状或经纬路，而是形成多个丁字路口，最大限度避免视线通透，敌人一旦进入难以首尾相顾，便于分散敌人。

（3）坉

"坉"是在战乱时期该区域大量修建的一种防御堡垒，是布依聚落中山水屏障和人工构筑相结合而形成的最后的避难所。部分坉承担一定的主动防御功能，绝大部分的坉是村寨最后的防御场所。布依族村寨修建的"坉"，既体现村寨对军事防御功能的重视，也说明屯堡文化对其的影响。喀斯特山地丘陵连绵，坉多建造于村寨附近地势险要的山头上，确保方便观察敌情，地势易守难攻。坉随山顶地势以厚实的围墙砌筑而成，建筑规模根据需要而定，可以是单间，也可以是成片房屋。坉内储存应急所需要的粮食，情势危急可供人避难。

以坉与村寨的关系来看，包含坉在村中、坉在村外、村在坉中三种情况。镇宁高荡村有大、小两座坉，兼具坉在村中与坉在村外的特点（图4-8、图4-9）。"小坉"位于村寨东面的山头之上，旁边是陡峭石壁，难以攀爬，小坉是上下两层的单体建筑，可供少量居民短期退守，更多的是以观察敌情为主。寨后山顶"大坉"则是据险自守、躲避兵祸的主要场所，其位置地势高峻，俯瞰村寨全局，并与小坉遥相呼应，现存三十余间房屋遗址，可储存全村人固守数月的食物与用水。

果寨则为"村在坉中"的典型案例（图4-10）。共有九坉鼎立于村寨周边，均修建于同治年间："后山坉在果寨后山，同治初年周、叶、沈三姓同修；玉屏坉在果寨后山，同治初年冯姓独修；罗汉坉在果寨罗汉山，同治初年为饶、严二姓合修；小坉在果寨后山，同治初年曾、朱二姓合修；三棵树坉在果寨，同治初年吴姓独修；白泥田坉在果寨白泥田，同

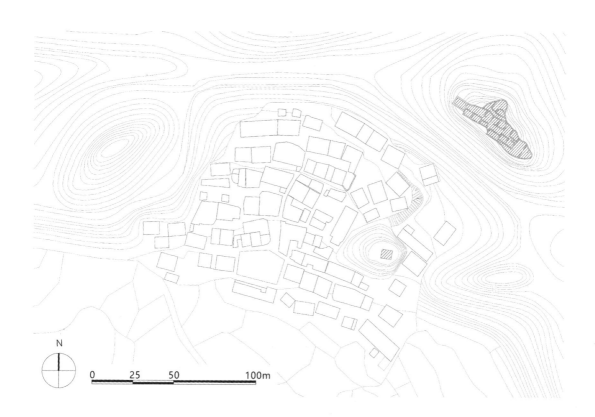

图4-8 高荡村大小坉位置

图4-9 高荡村小坉（左图）与大坉遗址
（右图）

治初年周姓独修；木鱼坉在果寨木鱼山，同治初年全寨公修；
斗笠坉在果寨斗笠山，同治初年果寨杂姓同修；仡佬坉在果
寨老黑湾，同治初年果寨土人王姓修。以上九坉山高势险，
本可固守。"[13]九坉山高势险，互成犄角，有的用于观察放
哨、有的则为退守堡垒，村寨则位于九坉拱卫之中，既可主
动防御，也能退守坉中，形成了以坉为主、多坉协同、辅以

罗汉坉 | LUOHAN TUN　　小坉 | XIAO TUN　　三棵树坉 | SANKESHU TUN

玉屏坉 | YUPING TUN　　仡佬坉 | GELAO TUN　　后山坉 | HOUSHAN TUN

白泥田坉 | BAINITIAN TUN　斗笠坉 | DOULI TUN　　木鱼坉 | MUYU TUN

图4-10　果寨九坉

寨墙巷道的防御系统。

4.3.4　交通空间

喀斯特山地布依聚落的交通空间以街巷为主体，寨门连通着土要街巷。纵横交错的街巷，是聚落重要的联系空间，连接着不同类型的公共空间和半公共的院落空间。街巷既承载着交通运输的功能，又为居民日常交流提供场所，同时也是宗教祭祀、节日庆典等公共活动的活动场所，因此街巷可以看作是聚落公共空间的骨架。

喀斯特山地地形对于聚落街巷空间的影响最为显著，街巷形态以山地的走向与坡度以及水系为决定因素，布局模式多为不规则的自由布局。建筑群体沿等高线布置，村寨内部沿山坡环状布置道路系统，每隔数家，设置有垂直等高线的石砌步阶或利用天然岩石石级上下贯通，通路交叉处通常留有开敞空间[10]。

　　白水河流域的布依聚落，街巷的布置主动适应地形，确保安全的情况下，最大限度减少挖填土方量，因地制宜，尺度宜人，形成丰富多变的街巷景观。聚落内的主要街巷往往都平行于等高线，由于房屋多沿等高线建造，院门一般也都布置在平行于等高线的街巷一侧。为了不同高程的联系便利，村寨中遍布着与等高线垂直或斜交的巷道。遇坡度陡峭之处，巷道呈"之"字形与等高线斜交，遇缓坡则夯实缓坡或以当地石材修筑台阶。这样的巷道高低起伏，平面曲折，地面随地形做成台阶的形式，两侧或以随山就势的传统建筑围合，富于变化的连续界面，围合出内向的街巷空间；或一侧以高低错落的建筑界面围合，一侧则面向自然景观，形成半开放的街巷空间；抑或两侧皆为山林、菜园等自然环境，形成较为开放的街巷空间。无论何种界面，沿着巷道拾级而上，步移景异，给人以变化丰富的景观空间体验。

　　另外，水渠是白水河流域布依族聚落街巷的一个重要构成要素，与村寨居民的生产生活联系密切。水渠依附于巷道，建筑内用水通过水渠顺地势向下，与稻田台地内的排水系统连接，最终汇入地势低洼处。

4.4　布依族聚落公共空间的组合方式

　　白水河谷布依族聚落的公共空间布局，主要受到喀斯特山地复杂的地貌特点制约，同时受到民俗、政治、军事等因素的影响，形成布局自由、形式多样的公共空间格局。依据其主要结构特点，公共空间的组合方式大体分为四种：线性序列型、中心汇聚型、格网节点型、区域扩展型。

4.4.1　线性序列型

　　布依族村寨依山而建，建筑多依据等高线排列，街巷作

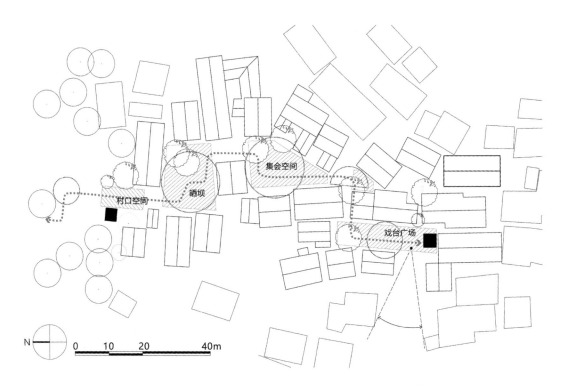

为公共空间的骨架，既有沿等高线的水平延展，也有对不同高程面公共空间的纵向连接。线性序列型公共空间组合的产生，是由于村寨内有一明显的主要道路，街巷本身作为村寨的活动空间，同时串联起各种各样的公共空间。

图4-11　大洋溪村的线性序列型公共空间组合

　　黄果树镇大洋溪村的公共空间便是典型的线性序列型，公共空间沿着主要道路分布，形成节奏鲜明的空间序列（图4-11）。沿着两侧都是葱郁山林的巷道进入村寨，经过狭长的山路，到达以土地庙为焦点的小型开放空间，作为空间序列的开端，明确进入村寨领域；沿着缓坡巷道行进，空间豁然开朗，进入到平整开阔的公共空间晒坝，穿越建筑围合的晒坝，经过两侧都是建筑的巷道，进入一个大型的不规则的开放空间，建筑和乔木围合而成的集会空间，其尽头街巷的转角形成尺度亲切的街角空间，一棵枝繁叶茂的大树强化了空间的领域感；最后经过较为封闭的巷道，折进深远型的戏台广场。戏台位于广场南端，广场四面由建筑围合，靠近戏台有一个缺口，犹如景框，视野延展到远处连绵起伏的喀斯特峰林。

街巷空间的内向型与空间节点的开阔感受，强化了空间的节奏感，街巷与其他公共空间一起，构成大洋溪村富于特色的线性公共空间序列。

4.4.2 中心汇聚型

当地少数民族在选址和建寨活动中，表现出对村寨中心的普遍重视。布依族聚落部分村寨内存在占主导地位的公共空间，其他的公共空间通过放射状的联系，最终汇聚于此，形成中心汇聚型的公共空间组合。这类村寨常以广场或晒坝为聚落中心，数条主要街巷从中心向外围发散，占主导地位的公共空间有很强的凝聚力。连接中心的巷道比较规则，向外围延伸时依据地形和建筑格局变得曲折，空间开合变化很大。

镇宁高荡村的公共空间结构便呈现中心汇聚型（图4-12）。以寨脚的广场为中心，主要建筑围绕广场建造，以广场为中心发散出三条主要街巷，主要街巷又延伸出许多巷道，连接寨

图4-12 高荡村的中心汇聚型公共空间组合

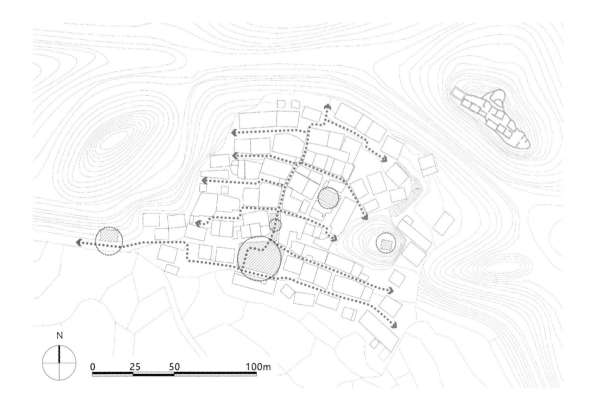

门、水井、地等其他公共空间，公共空间布局结构鲜明。

4.4.3 格网节点型

格网节点型的公共空间布局，一般出现在规模较大、形制较为完整的村寨，四周由寨墙围合，在寨墙内形成较为规则的格网式布局。该类型用地一般略平坦，建筑条件比较优越，村寨的房屋建造密度相对较大，为了节约用地，房屋朝向比较一致，易于形成比较规则的街巷系统。街巷随着地势不同，大致保持垂直相接，巷口错开形成丁字路口，满足防御的需要。纵横交错的街巷，交会处形成大小不一的开放空间，成为邻里日常交往的活跃空间。街巷构成的格网与其他公共空间节点，构成格网节点型的公共空间组合。

如位于镇宁县的革老坟村（图4-13），该村背山面田，出于军事防御的需要，村寨三面由寨墙所围合，后方则以喀斯

图4-13 革老坟村的格网节点型公共空间组合

特锥峰为天然屏障，沿寨墙不同方向设有四个寨门。寨墙之内建筑物沿等高线排列较为整齐，丁字形交叉的街巷，连接数个主要公共空间，包括广场空间、土地庙、寨门空间、后山等。各种类型的公共空间与交错的巷道被编织成为整体，公共空间呈典型的格网节点型布局。

4.4.4 区域扩展型

由于历史上战争、动乱的冲击，部分实力较强的大型聚落出于防卫的需要，已经突破传统的村庄界限，将其防御性公共空间扩展到聚落区域层面，形成区域扩展型公共空间布局。

果寨由九屯拱卫，九屯根据其群山环抱的地势形成了区域联防体系（图4-14）。由各家各户、不同姓氏修建的屯，分布不局限于村庄内部，还分布在村庄入口、后山等重要位置，使防御范围大大扩展，御敌于村寨之外。同时村寨由寨墙围合，具有完整的四墙、四门结构，寨门处建有碉楼，形成碉堡型的防御性村寨体制。果寨九屯形成区域性的侦察圈、

图4-14 果寨由九屯与村寨构成的区域扩展型空间组合

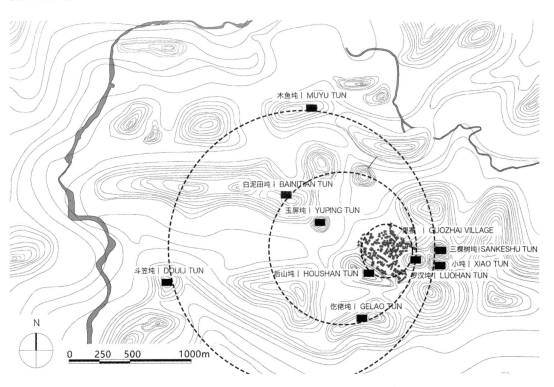

防御圈，寨墙围合成的守卫圈，共同构成区域扩展型的公共空间布局。

4.5　结论与讨论

传统聚落的公共空间是历史文化的载体，民族精神的凝聚，聚落复兴的触媒。喀斯特山地聚落的公共空间体现出特殊自然环境与民族人文历史的统一，展现出地域文化与民族文化的独特魅力。根据白水河流域布依族聚落公共空间的实证分析，笔者将喀斯特山地民族聚落公共空间的特征概括为以下四点：

4.5.1　依据山形地势，类型多样，层次丰富

布依族村寨的发展受到喀斯特山地地形地貌的影响和环境容量的制约，村寨内空间要素与自然地理有机结合，公共空间也显示出空间的有机性，构成类型多样、层次丰富的公共空间系统。因地制宜、随山就势，是山地环境中布依聚落营建村寨空间的鲜明特征。街巷根据地形高低起伏，连接不同类型的公共空间。公共空间的布置与自然环境有机结合，地势平坦宽阔处形成的广场空间，结合地形砌筑的平台空间，构成集会交流的空间主体；纵横交错的街巷与其交叉口形成的小型空间，尺度宜人，布局随机，构成村民日常交往的活跃空间；依据山势险要之处建筑防御堡垒，构成聚落空间的防御体系。

4.5.2　承载生产、交流、仪式等活动，形成复合的山地公共空间

布依聚落作为承载布依族生产生活的空间有机体，并没有明确的功能分区，公共空间的用途也体现出多元性，承载着生产、交流、仪式等复合活动，高效利用山地空间。以农

耕为生的布依族，用于稻谷生产的晒坝，往往也是成为村寨最重要的集会交流空间，也常常作为"寨心"空间；戏台既是用于地戏的演出和观赏空间，也用于节庆集会、祭祀等集体活动；水井作为取水的工程构造，也形成日常交往的活跃空间；寨门作为村寨领域的标志，也构成防御体系的重要组成；街巷是联系公共空间的交通空间，也是日常交流发生的空间，主要街巷还成为节庆活动的庆典空间。宗教信仰增强了公共空间的仪式感，节庆习俗赋予了公共空间文化内涵和场所活力。

4.5.3 注重军事作用，体现防御功能

白水河流域的布依族聚落在经历明朝屯堡的侵入、土司制度以及清朝几次战乱等历史事件之后，形成了重视防卫的传统，聚落公共空间充分考虑防御功能，形成多层次的防御体系。寨墙围护、多重寨门、交错的街巷布局与避难所"地"共同形成公共空间防御体系。以公共空间为中心的放射型公共空间布局，空间组织结构紧凑，增强了公共空间的凝聚力。地的布置突破村寨的界限，将村寨的防御转变成聚落空间整体区域的防御。

4.5.4 运用地方材料，体现地域特色

造就喀斯特地貌的碳酸盐类岩石是喀斯特山地聚落的发展的重要资源支撑，为公共空间的建构提供了地方化的建构材料，利用地方材料，布依族人建造出承载他们物质生活和精神信仰的村寨空间。村寨内所有空间界面都是石材的灵活运用，依据石材的特性，巧妙赋予其功用，灰白色的石材演绎出丰富的肌理和和谐的色彩变化。聚落的公共空间，展示了的石材建筑美学与布依族人的营建智慧，石材质朴而粗犷的特色赋予公共空间鲜明的地域特色和长久的生命力。

对于喀斯特山地聚落公共空间的研究，有利于加深对民

族文化的理解，有利于加强对人与自然互动关系的认识，有
利于传统聚落的保护与发展，也有利于我们汲取传统聚落人
居环境的智慧，希望以此为传承山地聚落的人居环境智慧提
供参考。

参考文献

[1] 李建华，张兴国. 从民居到聚落：中国地域建筑文化研究新走向——以西南地区为例[J]. 建筑学报，2010（3）：82-84.

[2] 彭一刚. 传统村镇聚落景观分析[M]. 北京：中国建筑工业出版社，1992.

[3] 蒋高宸. 云南民族住屋文化[M]. 昆明：云南大学出版社，1997.

[4] 贵州省建设厅. 图像人类学视野中的贵州乡土建筑[M]. 贵阳：贵州人民出版社出版，2006.

[5] 耿虹，周舟. 民俗渗透下的传统聚落公共空间特色探析——以贵州屯堡聚落为例[J]. 华中建筑，2010（6）.

[6] 金双. 传统民族聚落公共空间形式探析——以贵州侗族为例[J]. 四川建筑科学研究. 2012（06）：248-252.

[7] 赵星. 贵州喀斯特聚落文化研究[J]. 贵州师范大学学报（自然科学版），2010（3）：104-108.

[8] 周政旭，封基铖. 生存压力下的贵州少数民族山地聚落营建：以扁担山区为例[J]. 城市规划，2015（09）：74-81.

[9] 罗德启. 贵州民居[M]. 北京：中国建筑工业出版社，2008.

[10] 夏勇. 贵州布依族传统聚落与建筑研究——以开阳马头寨、兴义南龙古寨和花溪镇山村为例[D]. 重庆：重庆大学建筑城规学院，2015.

[11] 黄元操，任可澄. 民国续修安顺府志[M]. 古籍影印本. 黄家福，段志洪，编. 中国地方志集成·贵州府县志辑（40）. 成都：巴蜀书社，2006.

[12] 藤井明. 聚落探访[M]. 北京：中国建筑工业出版社，2003.

[13] 胡翯. 民国镇宁县志[M]. 古籍影印本. 黄家福，段志洪，编. 中国地方志集成·贵州府县志辑（44）. 成都：巴蜀书社，2006.

（本章缩略稿已刊载于《西安建筑科技大学学报》（自然科学版）2018年第2期）

聚落防御体系研究

A Research on the Spatial Defense System of the Settlements

本章作者：周政旭，卢玉洁，罗亚文

摘要：贵州安顺市白水河谷地带分布了大量的布依族聚落。历史上该地区多次面对战乱与袭扰，因而安全需求成为聚落营建须重点满足的方面。本章基于对该地带布依族聚落群的调研，尤其是根据对其中8个典型聚落的测绘资料，分析、归纳布依族聚落的空间防御体系及特点。首先，从选址角度出发，认为该地受山水阻隔的影响，在区域与聚落两个层面都位于较为隐蔽难至的位置，一定程度上降低了受外界袭扰的频次，同时合适的山水形势也提升了聚落的防御性能。其次，分析了聚落营建中充分体现防御功能的寨墙、巷道与巷门、民居等要素，并着重分析具备当地特色的、兼备最终避难与坚守堡垒功能的"地"。最后，根据各空间要素的整体组合情况，总结出圈层防御型、据险退守型、复合防御型以及区域防御型四种防御体系类型，分析各自所处的地形条件与适应性。在结论部分总结了白水河谷布依族聚落防御体系的研究价值与意义，希望有助于展开传统村落保护研究的进一步工作。

安全一直是聚落营建的重要考量[1-3]，从聚落产生之始，人类祖先就通过壕沟、城墙等空间营建手段获得较为安全的聚落生存环境[4, 5]。此后世界各地均发育出由具有完备的城墙、堡垒等防御设施的城市。对于广大位于乡村地区的聚落，在历史发展过程中，也得不断面对社会动乱与匪寇袭扰，因此，不少地区的乡村聚落也具有较强的防御功能并保存至今，如北方长城沿线的堡寨聚落[6, 7]、襄阳盆地南漳地区的堡寨聚落[8]、山西堡寨聚落[9, 10]、黔中地区的屯堡聚落[11]、湘西苗疆的区域军事防卫聚落[12]等等，多为中原地区或由汉民族在边陲地区构建的聚落，往往以"高墙厚筑"为形态特征，体现出"住防合一"的特点[6]。与此同时，少数民族在历史上往往多经历迁徙与战乱，因此聚落通常十分重视防御性，并且因为不同的地域特征以及民族文化，其聚落防御系统往往体现出一些新特点，如当前有研究揭示了藏羌民族的碉楼及聚落的防御特性[13]。

贵州地处云贵高原东部，地形以山地为主，多为喀斯特地貌。该地区独特的地理环境，承载了多民族文化的交汇融合，形成了贵州地区复杂多样的民族文化结构，全省共聚居了17个世居少数民族，至今仍存在众多富于特色的少数民族聚落。其中，位于黔中地区的布依族聚落是其中的典型之一。布依族来源于古代"濮越"族系，有观点认为自新石器时代后期即有其先祖在当地定居的证据[14]，现主要聚居于贵州中部、南部以及西南部[15]。该地区在历史上屡遭战乱袭扰，安全防御成为聚落空间营建的核心考量之一。

与广大平原地区不同，当地的喀斯特山地丘陵地貌，为布依族先民据山而建、依山而守提供了基础。同时，作为少数民族，在面临较为强势的外来力量之时，亦须采取不同于"固守村寨"的防御策略。由此，体现在聚落空间层面，在多数情况下则表现为"住"与"守"既适当分离，分化出不同的、多样化的聚落防御空间；又互相配合，构成整体性的防御空间体系。这一聚落防御系统，是在特殊的山水基底与历史背景下逐渐形成的，具备鲜明的地域特色与民族特色。尽管历经岁月的变迁，部分聚落已变得破败，多数防御设施也因久不使用而废弃，但仍具有重要的研究价值。

5.1 历史背景：屯堡进驻与战乱袭扰

明之前，该地区多由当地大小土司管理，通过"羁縻"制度纳入中央政权体系之下。明初相继设置贵州都指挥使司与贵州布政使司，大批中原军士及普通民众通过"开屯设堡"的方式入驻该地区。而清朝年间，作为多民族汇聚之地，统治者与民众之间、各民族之间矛盾屡屡激化，战乱多次波及该地区。

5.1.1 明朝屯堡进驻

明王朝以西南夷"叛服不常"，对该地区多次用兵。据《明实录》等文献记载整理，"明代276年中，贵州发生大小战事的年份共145年"[16]。洪武十四年，朱元璋命傅友德、沐英等人率兵经贵州赴云南征讨元梁王残余势力。在平定之后，出于西南边地长久安定的考虑，"上谕友德等以云南既平，留江西、浙江、湖广、河南四都司兵守之，控扼要害。"❶于滇湘、川滇等战略通道，在已有贵州卫、永宁卫等基础上开辟军事卫所加以统治，陆续设置了29卫[17]。同时，为了解决大量军人驻守带来的粮草供应等问题，设立屯田制度，多批次征召军士及其家属迁至卫所驻地，征占卫所周遭田地进行"屯田"，实行"半兵半耕"或"战兵平耕"制度，"洪武、永乐间屯田之例，边境卫所旗军三分、四分守城，六分、七分下屯。腹里卫所一分、二分守城，八分、九分下屯。亦有中半屯守者。"❷

屯堡设置与可供耕作的土地息息相关[18]，对于贵州这一

❶（明）《明太祖实录》卷一四三，页八
❷（明）《明宣宗实录》卷五一，"二月乙未"条

平地资源极为匮乏的省份，大量外来强势人群的涌入更是意味着对原有土著居民生存空间的挤占。明朝嘉靖年间，据卢百可统计《贵州通志》数据，当时屯田总数达87万余亩[17]。而这些屯田，则大部分来自于对当地土著居民以及土司的夺取与占有[18]。失去了土地的土著少数民族，往往只能往耕作条件较差的地方迁徙，引发各种社会矛盾，正统年间云南总督王骥等即上书谓"贵州地方，诸种蛮夷所居，各卫所官军欺其愚蠢，占种田地，侵占妻女，遂至不能聊生，往往聚啸为盗。"❶ 明朝年间爆发的各族起义往往也都围绕卫所屯堡发生，目标多为夺回屯军霸占的土地[19]。相应地，具有强势力量的屯军，往往也会对周围"不顺服"的各土著民族村寨进行"清剿"。

黔中地区特别是安顺地区地势平坦，是贵州重要的粮食生产基地，同时又位于湘滇战略大通道上，因此是设立屯堡的重点区域，该地区卫所与屯堡的分布在贵州全境最为密集。历史记载，当地屯堡军民与土著少数民族之间爆发多次战争，布依族等少数民族受到较多的袭扰、驱赶与压制。在与屯堡驻军的生存抗争中，布依族聚落自然要加强自身的防御功能。同时，屯堡的建立也为布依族人带来了先进的技术与文化，后来在历史的发展过程中，两者之间也出现了较多的文化渗透与融合现象。

5.1.2 清朝多次战乱袭扰

清朝至民国是贵州较为动荡不安的时期。清朝早中期，清政府陆续对贵州苗疆进行"改土归流"、"开辟苗疆"等行动，激起广大少数民族的反抗[20]。同时，该时期人口大量增加，人地矛盾激增[21]。此后，1840年鸦片战争前后涌入大量外地人口，中央政府也不断加强对少数民族地区的控制。由此，清朝统治者与民众，土著与客家、各民族之间的矛盾日益激化，爆发多次起义、动乱与战争。据统计，清代267年历

❶（明）《明英宗实录》卷一〇一，页八

史中，其中的227年贵州都有大小的战争[16]。其中，影响较大者就有"雍乾"、"乾嘉"、"咸同"三次大规模苗民起义（清朝官方文献称之为"苗乱"）[20]。

雍正十三年（1735年）初，爆发了第一次苗民大起义，史称"雍乾苗民起义"。到乾隆五十九年（1794年），又爆发了"乾嘉苗民起义"，两次动乱往往迁延数年，并波及省内多处。到咸丰年间（1851–1861年），由于外来侵略与清朝腐败统治的双重影响，各种矛盾不断加剧，同时受到太平天国运动的影响，贵州苗疆地区爆发了清代第三次大规模苗民起义，并且各地屡有响应者，史称"咸同苗民起义"。这次起义的规模之大、历时之长、波及地域之广、参加人数之众、消耗统治者人力财力之多，在苗族历史上都是空前的。[20]这次起义多次波及黔中地区，对大小布依族聚落影响巨大，"致使民众大批死亡或逃散，大姓夷为寒族，大村夷为小寨；甚至有全家灭绝，村寨化为乌有者"❶。如今遍布黔中地区的"屯"等堡垒设施，大多是在此期间兴建而成的。

整体而言，直至新中国成立之前，对于黔中地区而言，"三十年小乱，六十年大乱"构成了当地基本的历史背景。

5.2　山水基底与聚落选址考量

村寨聚落的形态与格局往往都是在特定的自然地理环境下，经过漫长的演变而逐渐形成的，其中最初一步即是选址。黔中地区特殊、复杂、多样化的喀斯特地貌带来了耕作、交通等方面的困难，但同时，也为在多战乱的历史背景下建设更利于防御的聚落提供了较为合适的选择。

5.2.1　山水基底：喀斯特山地河谷地带

贵州省是唯一没有平原支撑的内陆山地省份，同时也是喀斯特地貌发育最成熟、最典型、最集中的地带之一。"黔省

❶（民国）黄元操，任可澄，《续修安顺府志》卷二十《杂志·安顺北乡及东北乡咸同时期情况》.

田地俱在万山之中，土薄石积，固属难开"❶。尽管黔中地区在贵州省内属于较平坦地带，但地形仍以山地为主。该地区镇宁、关岭、六枝三县的坡度低于6°以下的平地国土面积比重分别仅为15.1%、13.6%与15.0%，其余都是难以耕作的坡地、陡坡地[22]。

黔中地区是最为典型的喀斯特地区之一。在复杂的地质水文条件下，经长时段演变，该地区形成了"由高原分水岭至河谷呈峰林溶原—峰林槽谷—峰林洼地—峰丛谷地—峰丛洼地—峰丛峡谷"的地貌空间格局[23]，表现在地表则是山脉、水系分割严重，明显呈地带性分布的高原、峰丛峰林、峡谷相交错的复杂地形。其中，两侧峰林（峰丛）耸峙、中间平坦肥沃的河谷平坝的峰林（峰丛）谷地也被当地称为"槽子"地形，是当地最适于人类生存定居的地区。

在黔中地区，形成了两组走向不同的、由峰林或峰丛与槽状谷地交替的平行岭带区。其中一组呈东北—西南走向，经清镇、平坝、西秀、普定等县区，河流主要属长江水系，地势平旷，河谷的坝子往往规模较大，同时也较为连续，是贵州省耕作条件较好的地区，地方志记载安顺"州境土壤饶沃，宜稻，虽邻境荒歉，此处必登"❷，平坝卫"负崇岗，临沃壤，地当冲要，城压平原，山拥村墟，水环郊垌，四野田畴弥望"❸。同时这一走向又正好与中原经贵州进入云南的连线相吻合，因此很早就被开辟成为中原通往西南边陲的主要通道。

另一组平行岭带区则呈西北—东南走向，经过六枝、镇宁、关岭等县区，河流主要属珠江水系。该组地质起伏较大，高山深谷区占比大，地方志中往往将其记述为"重岗峻岭，众溪环绕"❹与"山川险阻，林箐荟郁"❺。该平行岭带区中的槽状谷地较前一组规模较小，并且相互独立，并且两侧峰林（峰丛）山势更为险峻，往往仅沿河流有狭窄入口可进入。

❶ 第一历史档案馆，编，《康熙朝汉文朱批奏折》，"康熙五十五年八月护理贵州巡抚事务布政使白潢奏折"条
❷（明·弘治）《贵州图经新志》卷九《安顺州·风俗》
❸（明·万历）郭子章.《黔记》卷七《舆图四·平坝卫》
❹（清·光绪）《镇宁州志》卷二《形胜》
❺（清·道光）《永宁州志》卷三《形胜》

5.2.2 区域层面的选址考量：山水屏障、隐蔽难至、内有洞天

明朝屯堡进驻之前，布依族等当地土著少数民族广泛分布于该地区，并且通过众多大小不等的、既具有宗族意义、也具有地域意义的土司、头人，以"羁縻"制度纳入国家体系。明朝屯堡军士的强势入驻，短时间内打破了这一格局。屯堡军士在军事力量、耕作技术等方面相对当地土著少数民族具有优势，同时还作为国家意志的代表肩负维持湘滇战略通道的重任。因此，黔中地区清镇（威清卫）、平坝（平坝卫）、西秀与普定（普定卫）、镇宁（安庄卫）一线较为平坦的地区多为屯堡所占据。在此情况下，原本定居于此的土著少数民族，必然只能被挤压到周遭不具备屯驻可能性的地区。具体而言，这一类地区应具有如下两方面的特点：一是田地范围较小、耕作条件相对较差，不能吸引屯堡军士主动扩张；二是远离湘滇通道，不具备入驻的战略意义。最终，形成了大体如下的空间分布格局：屯堡主要位于"东北—西南"走向清镇、平坝、西秀、普定、镇宁一带的大坝子，而布依族聚落主要位于"西北—东南"走向六枝、关岭、镇宁一带的峰林（峰丛）河谷地带。

白水河河谷地带即布依族一处典型的聚居区域（图5-1、5-2）。白水河发源于六盘水市六枝特区，东南流经六枝城区，后流过平寨镇、落别乡，之后沿着关岭和镇宁两县边界向东南流，经黄果树瀑布，最后注入打邦河。白水河及其支流穿行于喀斯特峰丛之间，在地质抬升与水体溶蚀的共同作用下，形成了一条"西北—东南"走向的河谷平坝，两侧喀斯特峰丛连绵耸峙，高出河谷百余米，形成两堵天然屏障；从六枝县城至黄果树瀑布上游石头寨附近，中间河谷平坝宽约1000m，长约30km，河谷中部残留一组与边缘山脉走向平行的数座圆锥状孤峰，当地将此地形象称之为"白水河槽子"❶。

❶ 亦有称之为"扁担山槽子"，因河谷中部一组形似扁担的山而得名。

图5-1 白水河谷外缘的喀斯特峰丛

图5-2 白水河谷内的平衍土地

该喀斯特河谷地带大部位于古滇湘通道北部，仅在石头寨附近一处数百米的河谷开口，其余方向均因山脉陡峻而难以逾越。

白水河谷地带是布依族先祖具备生存智慧的聚落选址观念在区域层面的具体体现。首先，该区域避开历来为兵家必争之地的战略通道，隐藏于群山峻岭之中，较大限度地减轻了外来可能的干扰与战乱；其次，该河谷外围群山耸峙，两侧喀斯特峰丛形成天然屏障，敌人难以逾越，仅余白水河出口处窄口与外界交通，易于守卫；第三，该河谷外缘险峻，内里却土地平衍，河水丰沛平缓，具备良好的灌溉耕作条件，同时因适中的规模而不为屯堡所垂涎，能够承载较多的居住人口。

在以上三点有利条件的支撑下，该区域成为布依族历史上的主要聚居地之一。至迟民国时即已出现"48布依大寨"指代该地区的说法。48个布依村寨具有漫长的发展历史，并因血缘与地缘的共同作用而整合在一起。发展至今，河谷地带已分布大小近百个布依聚落，有规律地沿白水河及其支流河谷分布。

5.2.3 聚落层面的选址考量：平时便于耕作、乱时利于退守

陈寅恪说："凡聚众据险者，欲久支岁月，及给养能自

给自足之故，必择险阻而又可以耕种，及有水源之地。其具备此二者之地，必为山顶平原及溪涧水源之地，此又自然之理。"[24] 在白水河谷内，布依族村庄多位于河谷边缘屏山的山脚至山腰或者河谷中央独立锥峰的山脚地带，背山面谷，其选址体现了对耕地、水源及防御的共同重视。

首先，村庄用地均位于山坡之上，不占用宝贵的可耕作河谷坝子资源。当地绝大部分地区为喀斯特山地，崇山深谷，难于耕作，因此少量的河谷平坝地带对当地民众的生存起到决定作用，需十分珍惜利用。当地布依族民众在村庄的选址中遵循"占山不占田"的原则，房屋多置于山坡上，不占用耕地，建筑大多沿等高线横向展开。

其次，为便于用水以及利于耕作，村庄多位于山坡的山脚至山腰地带，背靠大山，村庄多有山地溪流流经，或具有充足的地下水补给，以利于生活饮用。同时，相比于高出河谷数十乃至百余米、陡峭难行的山顶，山脚至山腰地区也更加方便于绝大部分时间的劳作生产。

第三，聚落需背靠险峻之地，战乱时节便于从村庄撤退并据险力守。河谷两侧山峦如屏，形成了一个半封闭的生活大环境，可以防御周边民族的侵袭。村庄绝不位于开阔的山冈地带，以防后路被切断而无处可避；而是往往背靠险峻山头，在战乱时候不仅可以避免四面迎敌，也便于埋伏奇兵或扼险而守，遇险时也易于隐蔽撤退。至于选址于河谷中央的布依族聚落，也定然依靠一处较为险峻的锥峰，并以此作为村庄固守的支点。

此外，部分聚落选址还借助于支流小盆地等有利地形，通过山水的屏蔽营造更加利于防守的聚落小区域安全环境。如高荡、革老坟等村（图5-3、图5-4），选址并非位于白水河干流河谷，而是位于其支流小盆地地带，三面或四面环山，仅留陡峻山口与外界相连，既利于隐蔽，更利于在战时组织多层次的防御活动。

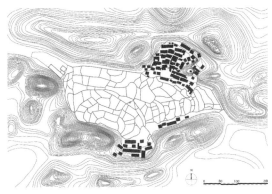

图5-3　高荡村山水聚落格局

图5-4　革老坟村山水聚落格局

5.3　空间防御要素分析

　　"当我们看到传统聚落……对于经历了数百年岁月的变迁，已经成为风景中一部分的聚落来说，自有它作为聚落共同体经历数百年间延续下来的历史证据。"[25]白水河流域的布依族聚落，虽然已经历经了千百年的发展更替，但从现存的寨墙、民居、街巷以及整体布局上来看，都显示出当年对于防御的高度重视。尤其是在山峰顶部存在大量的防卫堡垒——"坉"的遗址，作为布依族聚落防御体系的重要组成部分，具备很强的地域特色与民族特色。

5.3.1　寨墙

　　大部分白水河谷村寨都有相对明确的边界，依托山势，以牢固的石质寨墙加以捍卫，构成村寨日常防御的主要形态。线性的外层防御寨墙，均以厚石垒筑，以防御作为明确的目的与功能，是聚落防御体系最为基本、最为直观的组成部分。石墙、石头建筑结合地形地势的实体边界，强化了聚落内外分隔的空间感，强调了聚落的领土归属。更为重要的是，寨墙的坚固与否，对于聚落抵抗外敌入侵具有较大作用，是除山水屏障之外，外敌入侵的第一道防线。

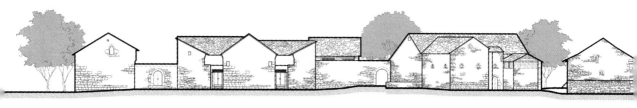

图5-5 高荡村建筑组团展开立面（可见户墙、院墙与寨墙相连形成整体）

布依族村寨的寨墙一般形制较为灵活，并不固守方形之制。相反，往往结合地形甚至借助民居外墙灵活布置。一部分形成完整闭合的城墙圈，将村寨整体环绕在内，有时还会借助地势高差增加寨墙的相对高度，从而提升聚落的安全系数。例如果寨，周围地形较平旷，后依高山，历史上曾建筑了完整的寨墙，将整个村落围合起来，共有四个主寨门。民国《镇宁县志》有记载："道光四年五月建筑，有围墙约里许，开门四。一曰大门楼，二曰小门楼，均有楼有碉；三曰上苑，四曰下苑，无楼仅有门洞出入。"❶

另一部分村寨因为选址接近难以逾越的天险，则往往仅于紧要处（主要面向河谷开阔处）砌石成墙、设置寨门，而在村寨后方等则依托天险加以防御。分段寨墙与陡崖、深沟相结合，形成完整的村寨线性防线。例如革老坟村，村寨处于山脚，背靠锥峰而建。寨墙以大块的山石砌成，围绕建筑外围，部分结合建筑外墙形成东、北、西三侧高墙，而南侧则借助于锥峰的陡峭山势加以自持，墙与山结合形成了防御圈。寨墙上设有四个寨门，主要设于聚落的东西两侧寨墙。

此外，还有部分村寨，寨墙利用民居的坚固外墙构筑而成（图5-5）。位于村寨外缘的民居在建设之初即需统筹建设，民居沿等高线相连，外立面统一形成一面高墙，其中甚少开窗并配置射击孔等，相连的民居本身形成了一道防御线。外敌来袭时，村民可依托房屋来进行抵抗，如果失败，也可从后门撤离依次退入后面的防线。

❶（民国）胡罂《镇宁县志》卷二《营建·堡垒》

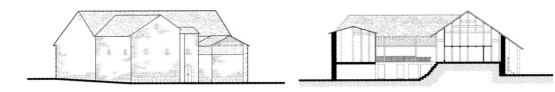

图5-6 高荡村典型民居立面与剖面（可见外墙与内墙开窗方式的显著区别）

5.3.2 民居

民居的外墙或是院墙也是聚落内部防御的重要组成部分。白水河谷布依族民居建筑或是单体或是组合式院落，多是石质结构，墙体厚重结实，外墙厚度为40～60cm，甚至达到80cm。同时室内标高普遍高于室外地面1.5m以上，下层蓄养牲口，这样人在屋内往往是处于居高临下的位置，易于观察制敌。部分民居是院落式的，院墙上开设院门，一般洞口都较小，或是带有小型的天井。民居之间比肩而建，通常为两层高，更加增强了村落的安全性。除此以外，许多建筑都设有小小的后门方便紧急时逃生。

高荡村的民居保存比较完整，建筑外侧开窗的数量较少，位置较高，并且多为小窗，部分石墙上还设置有射击孔，更增强了建筑的防御性能。朝向内侧的开窗则都为大窗，便于采光和通风（图5-6）。

此外，部分聚落中，民居的外墙还相互连接构成寨墙的一部分。如石头寨，沿山脚地带的民居外墙相连，民居开启向山上的入口。一旦有险，各家关门迎敌，作为村寨第一道防线，待坚持不住则从后门退守山腰的第二道防线内，再行组织抵抗。

5.3.3 街巷以及多重寨门

白水河谷布依族聚落的布局往往十分紧凑，并且结合自然地形，因此巷道往往随山就势，并无一定之规。当地村民还往往利用街巷的这一特性，并有意为之，使之成为防御体系中的有机组成部分（图5-7、图5-8）。巷道两侧全为石墙，

图5-7　村寨巷道照片

图5-8　寨门与巷道的结合

通常由民居的院墙或外墙构成，窄窄的巷道或通行三四人，或行两三人，有些甚至只能容一人过，人行其间，两边是高高的建筑外墙，容易成为目标。村寨街巷迂回曲折，纵横交错，宽窄不一，再加上变化多端的巷道空间，多布置为丁字口与尽端式道路，起到一定的迷惑敌人的作用，能尽可能地阻滞入侵之敌。

同时，部分布依族村寨还在村寨内部设置多重寨墙、寨门，层层设防，加强村寨内部防御的层次。如石头寨依据山势，构建了三圈寨墙。全寨地势较低的民居均相邻建设，以石头砌筑的墙体相连，构成了村寨的第一道寨墙；第二道寨墙位于山腰处，由厚石垒筑而成，与山体南北两侧的陡崖相接，形成了抵抗战乱的最主要防御线；第三道寨墙则位于山顶，是聚落的最后防线，同时山顶也是村寨山神祭祀处。平时村民主要居住于第1圈与第2圈之间，外来武装袭扰时，全村村民依托各家石墙抵抗未果后，依次退入第二道寨墙与第三道寨墙内，集中防守。

5.3.4　作为最后退守堡垒的"屯"

"屯"又称"营盘"，易与"屯堡"混淆，因此之前一直没有引起当地以及学术界的足够重视，但屯却是一种非常有地域特色的防御设施，在布依族聚落的防御体系中扮演关键角色。屯堡专指明朝中央政府经营西南时"基层屯戍之地留

图5-9　高荡村小坉营盘照片

图5-10　高荡村小坉营盘通道照片

图5-11　高荡村大坉营盘遗址照片

图5-12　高荡村从大坉营盘俯瞰村寨

下的历史产物"[27]，而坉却是主要在清代咸丰、同治年间，由当地村民兴建的"躲藏"的"堡障"（以石筑成的小城）[28]。除了"军建"与"民建"的区别之外，坉还有一个显著特征，它是处于守势的土著民族躲避战乱、退而坚守的最后堡垒（图5-9～图5-12）。

坉在白水河谷乃至整个黔中地区大量存在，其兴起正是对频繁袭扰的战乱的被动回应。现存的坉大部分兴建于清朝后期咸丰、同治年间，当时爆发的"咸同苗乱"持续数十年，一时土匪、流寇并起，黔中地区也屡次被波及。正是基于此背景，各聚落开始动员村寨力量，纷纷修建"坉"以求自保。民国《镇宁县志》列有山坉一百三十余个，几乎都筑于咸丰同治年间，如"镇宁之西十五里许，有独坡坉者，山石耸峭，溪水环绕……（乱时）全寨人民移居其上……卒能捍卫强敌"❶。坉多由全寨民众合力修建，白水河流域聚落中的坉几乎一村一坉，另有部分聚落修建2～3处坉。此外，有部分人口众多、力量较强的聚落，寨中各姓氏宗族也纷纷自行建坉。

坉一般修建于村寨附近喀斯特山峰的顶端，地势极为险要。当地独特的喀斯特峰丛（峰林）地形发育充分，山峰陡峭，易守难攻。通常，当地布依族先民就地取材，以大石环

❶（民国）胡嶨《镇宁县志》卷二《营建·堡垒》

峰顶修筑一圈高墙，于险要之处设地门，并设置观察孔、射击孔等。于地墙内修建临时房屋，规模以可容纳全村人口避难为限。附近区域一旦有战乱，即先行储备可坚持月余的粮食与用水。待外敌入侵之时，则先将妇孺老幼转入地中，精壮青年则于山下寨中组织抵抗，待不支之时方退入地中以求固守。

5.4 防御体系类型划分

相比中原地区的各类"堡寨"聚落，以及同属黔中地区的"屯堡"聚落而言，由于技术、成本等方面的原因，单论该地布依族聚落的寨墙、民居、地等防御设施的话，其规模与标准都不高，甚至有些单体可以"简陋"称之。但作为居弱势、守势的少数民族而言，根据当地特殊的地形地势将各防御设施有机地整合在一起，却形成了十分有效的聚落防御体系。

根据各村落的选址分布、防御设施的配置情况，尤其是地与村寨的关系，可将该地区布依族聚落的防御体系构建分为四种类型：（1）借助于锥峰与寨墙，地在村中的圈层防御型；（2）借助村外险峻之处营建退守堡垒，地在村外的据险退守型；（3）地在村内村外均有设置，与村寨互为呼应的混合防御型；（4）已将防御体系扩展至聚落外围的区域防御型（图5-13）。

5.4.1 地在村中，圈层防御型

此种类型一般适用于依托河谷中锥峰建立的聚落。河谷中这样的选址利于耕作，但容易造成村寨被四面围困的情况，因此一般形成围绕锥峰、层层防御的空间格局。从山脚起，以寨墙结合悬崖、陡坎等实现外层防御圈，于锥峰峰顶建设"地"为内层堡垒。在空间上形成了村在外，地在内的格局，

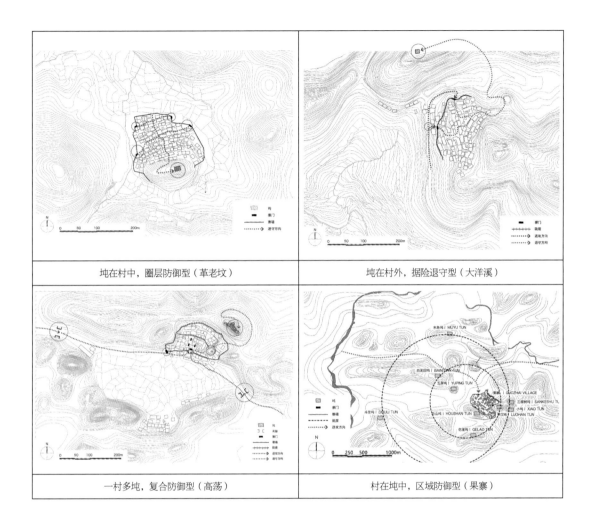

地在村中，圈层防御型（革老坟）	地在村外，据险退守型（大洋溪）
一村多地，复合防御型（高荡）	村在地中，区域防御型（果寨）

图5-13 白水河谷布依族聚落防御体系的四种类型

以此形成内外防御圈，当外层被攻陷后退入内层再行组织抵抗。

革老坟村即此类型的典型案例。村寨处于山脚，背靠山头而建。外圈寨墙以大块的山石砌成，与村后锥峰的悬崖陡壁相连，将民居与锥峰均包围在内，形成严密的防御外圈。寨内巷道走向错综复杂，更兼以层层巷道门、宅院门加强寨内防御的性能。在锥峰顶上建设地，以作最后退守堡垒，形成内层防御阵线。层层相扣，为抵御强敌提供了可能。

此外，还如前文提到的石头寨，从锥峰的山脚地带到峰顶，一共形成了三层防御圈，由下至上，地势愈发陡峻、城墙亦愈发坚固，直至最后峰顶可容纳数十人的地。

5.4.2　坉在村外，据险退守型

这是选址位于河谷两侧屏山的中小型布依族聚落的主要防御体系类型。因为两侧山脉险峻，是天然的逃生避难之所，因此，不计较村庄的得失，且战且退，退至山中加以躲避是比较明智的选择。其中大部分聚落在寨后侧大山的地势险峻处，也建立了供全寨人员避难期间居住的坉。在空间上看，坉与聚落相分离，但由村寨后方可经山路撤退至坉中，坉高居峰顶，山路陡峭难行，易守难攻。这一防御体系很大程度上减少了与来犯之敌正面交锋的可能，能尽可能地减轻人员损失，保存有生力量。

大洋溪村是据险退守型的典型村寨，村寨选址比较特别，两侧以险峻山脉作为屏障，前方可远望，后方有山可靠，沿着山脚开始布置直至山腰。村寨前方面对河谷、农田，便于耕作、生活。村寨内建筑布局十分紧凑，并随地势的起伏而高低错落，巷道与台阶串联起单体的建筑和部分公共空间。坉位于村寨西北方的高山峰顶之上，海拔高于河谷平坝近百米，一旦有敌来犯，村民可弃村躲入山中，待来犯之敌退去后再返回村中，继续耕作。

5.4.3　一村多坉，复合防御型

这是前述两种防御类型的结合，多位于河谷支流小盆地处，有较多可资防御利用的山水地理条件，因此往往借助地形，既在村内高耸之处设置小型的坉，又在村寨后方的高山之巅设立较大的坉，同时结合盆地出口处的关隘、山脚村寨的寨墙等，构建复合型的防御体系。一旦外敌来袭，除了组织多层次的抵御之外，多个坉还可以相互呼应，亦可主动出击。体现出当地村民在规划建设时具有的智慧。

高荡村是复合型防御体系村路的典型代表。村寨选址考究，四周群山环抱，山势连绵起伏。在群山的庇护之下，村

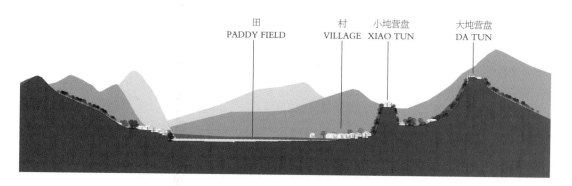

田　　　　村　　　　小地营盘　　　大地营盘
PADDY FIELD　VILLAGE　XIAO TUN　　　DA TUN

图5-14　高荡村剖面图

落点缀其间。层层梯田，绿树成荫，靠山临水，是当时条件下的理想聚居之地。同时，还利用山水盆地的庇护，形成一道天然的屏障，村寨在盆地两个出入口分别设置了隘口。山石垒筑的寨墙将村寨与田地隔开，结合村后的陡崖，将整个村子包围其中，通过寨门进行内外部交流。寨中的巷道多变，设置多重寨门与院门以加强防御。民居也多为高墙深院。

尤为重要的是，聚落共建有大小二坉。其中小坉位于村寨内的孤峰之上（图5-9），三面为民居环绕，通道从陡峭的山体中凿岩而成，仅容一人通过，大有"一夫当关，万夫莫开"之势（图5-10），峰顶以石墙围绕，墙上开射击孔，石墙内有一小型房屋，仅供少部分村民驻扎抵御。大坉位于村后盆地边缘的山顶，峰顶以石墙环绕，占地数百平方米，建设石屋数十间，并在乱时提前存储足够粮食与饮用水，可供全村民众居住并组织防御（图5-11）。大坉面向村寨一侧均为陡岩，仅一陡峭山路可绕行而上。在此内可俯瞰村寨，了解村寨情况（图5-12），外可瞭望周遭数十里地直至主要道路，有效监视是否有外敌入侵。同时，大小二坉互为犄角之势，与村寨相呼应，可相互协作分别出发袭击敌人后方，较大地提升了聚落防御的有效性和主动性（图5-14）。

5.4.4　"村在坉中"，区域防御型

这一类型是复合防御型的扩展，多位于较大的支流盆地，由人口众多、力量较强的聚落修建而成。在较大盆地边缘多

为喀斯特峰丛，盆地内整体平缓，适于耕作，但多有喀斯特孤峰散布田地中央。由是，村落往往紧靠盆地边缘，后为连绵的喀斯特峰丛所掩护，面向田地，易于耕作。同时，村落会根据地形地势，跳出聚落范畴，在区域内选择合适的位置、地形兴建多个屯，对整个区域加以防御。屯在提供坚守避难所的功能之外，往往还因地势额外承担不同的功能，部分屯远离村落、靠近区域入口，起到预警等作用；部分屯位于盆地之中的袭扰线路两旁，可就地组织反攻；而部分屯位于村后大山之中，易守难攻，主要为村中提供退守的避难所。由此，形成一个整体性的区域防御网络，兼有预警、防御、进攻等作用，从更广的空间层面保障聚落安全。

果寨❶是区域性防御的典型案例，在历史上即因其"果寨九屯"而闻名附近。一座座山峰将村寨环抱起来，构筑一种整体防卫的气氛，作为外围防卫的基础，有意选择其中九座关键性的喀斯特孤峰的峰顶兴建九个屯。屯驻地险峻、极难攀爬，视野开阔，便于统观全局，观察敌人行动，同时还能互通信息、进行反击。山屯的墙壁均为石材建成，开窗少，开口小，上面开有瞭望的空洞、射击孔，至今仍遗存大量石墙遗址。据地方志记载，果寨九屯既有各姓氏单独修建，也有全寨联合共同修筑的："后山屯在果寨后山，同治初年周、叶、沈三姓同修；玉屏屯在果寨后山，同治初年冯姓独修；罗汉屯在果寨罗汉山，同治初年为饶、严二姓合修；小屯在果寨后山，同治初年曾、朱二姓合修；三棵树屯在果寨，同治初年吴姓独修；白泥田屯在果寨白泥田，同治初年周姓独修；木鱼屯在果寨木鱼山，同治初年全寨公修；斗笠屯在果寨斗笠山，同治初年果寨杂姓同修；仡佬屯在果寨老黑湾，同治初年果寨土人王姓修。"❷九屯有远有近，形成了外围观察警戒、中间主动防御、后山退避坚守的空间格局。村寨建在九屯形成的防御圈层之内，位于盆地边缘的山脚处，同时修建完整寨墙绕村落，与九屯

❶ 果寨目前是一个多民族聚居的聚落，居住有汉、布依、苗等民族。
❷（民国）胡嶑《镇宁县志》卷二《营建·堡垒》

一道，构成了一个十分严密的防御体系。可惜，地方志记载，该村"本能固守"，但最终还是因为来犯敌人采取分化瓦解战术，诱使村中部分民众先行投降，从而导致了整个防御体系的瓦解❶。

5.5 结论与讨论

在动乱频仍的冷兵器时代，存在着许多的不安定因素，各级州城、县城、卫所因为往往通过坚墙利箭加以防御，具有明显的"官建"色彩。而众多的村寨，尤其是少数民族聚落，在敌人来袭之时往往处于弱势，则只能借助自身的力量，因地制宜地构筑各类防御设施，力求自保。

本章以白水河谷地带的布依族聚落为例，对喀斯特山地的民族聚落防御体系进行研究。在分析当地所处的历史背景与自然基底之后，从选址、防御设施、防御体系三个方面加以分析，主要发现有：

（1）在选址方面充分利用黔中地区具有鲜明特点的喀斯特山地河谷地带地形以增强聚落的防御性能。在区域层面，主动或被动地选择拥有一定可供耕作的平地资源、具有较完整山水屏障、远离交通干道、较封闭和隐蔽的河谷地带集中进行聚落营建，以尽可能规避外来袭扰；在聚落层面，则以平时便于耕作、乱时利于退守为原则，选择山脚至山腰地带营建村落，同时还尽可能利用小盆地、凹谷等微地形，营造尽可能利于防守的山水聚落格局。

（2）在防御设施方面，以顺应山水地势为原则，与悬崖、陡坡等相结合营建寨墙、寨门、街巷等防御设施；还强化民居的防御特征，将其整合进聚落的防御体系中；尤其重视防御据点——"屯"的作用，无论村内村外，于喀斯特峰顶等地势险要处设立主要供退守，但也可承担一定预警乃至主动出击功能的堡垒，此举扩展了聚落的防御空间范畴，加强了

❶（民国）胡罵《镇宁县志》卷二《营建·堡垒》

聚落的防御性能，为村民在战乱期间提供了坚实的安全保障。"屯"的设立，是切合喀斯特山地地形地貌、颇具地方智慧的一种防御解决方案。

（3）在防御体系构建方面，当地布依族民众在建设时整体谋划、有效整合各项设施，以最大限度地发挥防御功能。在空间格局上，形成了"屯在村中、圈层防御"、"屯在村外、据险退守"、"一村多屯、复合防御"以及"村在屯中、区域防御"四种典型防御体系类型。这是在各自聚落的山水地形的基础上，根据聚落自身实际情况，形成的具有合理性的防御解决方案，各自均在动乱时期有效发挥了防御作用。

总结黔中喀斯特少数民族聚落防御体系空间，我们还发现这一防御体系具有一些明显区别于黔中屯堡、中原堡寨等"典型"防御聚落的特色。这是与当地的喀斯特地形地貌以及占弱势地位的少数民族对于"生存"与"防御"的理解紧密关联的。

首先，"避战"、"据险"是防御的主导思想，不计较村庄的一时得失。作为多数时间居相对弱势地位的少数民族聚落，在面对强敌入侵之时，选择不计成本地正面防御并非理性的选择。况且当地又绝非战略要地或富庶之地，来犯之敌也多以"流寇"为主，通常不以长远占驻为目标。因此，当地少数民族防御的主导思想多为"避战"，多选择险要之处建设避难坚守之所，以保存有生力量为主，"敌来我藏"、"敌退我回"，聚落的空间防御系统是这一思想的贯彻。

其次，充分借助喀斯特地貌特点，将山形水势纳入聚落防御体系构建之中。当地的喀斯特地形地貌为聚落的防御提供了绝佳的基础条件，对山形水势加以充分利用体现在聚落防御体系营建的每一个环节中，无论是选址时对于具有山水屏障的河谷的选择，还是借助喀斯特孤峰营建重要防御要素"屯"，以及聚落防御体系中对于山的倚重，都是充分借助了山水大势而巧妙为之的结果。

第三，农耕与防御并重，便利却防御性能较差的村庄利于日常的耕作，坚固却难至的堡垒用于战事暂时的坚守，两者有机结合。在农耕时代，生存的威胁主要来自于两方面——食物与战争，两者同等重要，却对空间具有不同的需求。在白水河谷布依族聚落营建中，我们可以看到村落选址等一般都位于山脚至山腰地带，这显然是为了更利于日常性的农耕生活而设置。如果出于防御优先的考量，应将整个村庄也搬迁至峰顶，并围之以坚固高大的寨墙，但这却会带来耕作、饮水等方面的不便。因此，布依族聚落采取了折中兼顾、分立结合的方式，两者各司其职、互相配合。

第四，防御设施因地形而异，具有很强的灵活性，注重实效。当地村寨寨墙绝少呈规整的几何形状，多随地形起伏，沿等高线排布，并多与悬崖、陡坎等相结合。屯的外形也完全为顶峰形状所限定，形态上极为灵活，不按一定之规。要素之间的结合更是不一而足。但无论形态如何，对于防御实效的追求却是共通的。

贵州白水河谷地带的布依族聚落具有独特的喀斯特山地魅力，其防御系统承载着特定的历史与地理信息，充满了当地少数民族群众的创造力，是乡村与民族聚落文化的重要组成部分。但是，这一具备独特价值的防御体系正在遭受不同程度的损坏，尤其是"屯"的价值并未被充分发掘，多数已经废弃并湮没于荒烟蔓草之间，十分遗憾。因此，对其进行进一步的挖掘和整理，对有价值的部分加以保护与呈现，是十分迫切的一项工作。

参考文献

[1] 吴良镛 . 中国人居史[M]. 北京：中国建筑工业出版社，2014 .

[2] 费孝通 . 乡土中国[A]//费孝通 . 费孝通选集[M]. 天津：天津人民出版社，1988：88 .

[3] 刘沛林 . 论中国古代的村落规划思想[J]. 自然科学史研究，1998，17（1）：82-90 .

[4] 钱耀鹏 . 关于环壕聚落的几个问题[J]. 文物，1997（8）.

[5] 张志敏 . 浅议史前聚落的两大防御工程——环壕与城墙[J]. 史前研究，2000：589-591 .

[6] 王绚 . 传统堡寨聚落研究——兼以秦晋地区为例[D]. 天津：天津大学，2004 .

[7] 李严 . 明长城"九边"重镇军事防御性聚落研究[D]. 天津：天津大学，2007 .

[8] 石峰 . 湖北南漳地区堡寨聚落防御性研究[D]. 武汉：华中科技大学，2007 .

[9] 黄强 . 山西堡寨式聚落的防御体系探析[D]. 武汉：华中科技大学，2006 .

[10] 李秋香 . 晋南乡村防御建筑——郭裕村的城墙和御楼[J]. 中国建筑史论汇刊（第五辑），2012：361-380 .

[11] 单军，罗建平 . 防御性建筑的地域性应答——以安顺屯堡为例[J]. 建筑学报，2011（11）：16-20 .

[12] 张杰，李林，张飚，等 . 湘西苗疆凤凰区域性防御体系空间格局研究[J]. 建筑史（第32辑），2013：155-166 .

[13] 李建华，杨健，李建柱 . 西南碉寨的空间立体防御体系及其聚落形态分析[J]. 建筑学报，2011（11）：21-24 .

[14] 国家民委《民族问题五种丛书》编辑委员会，等 . 中国少数民族（修订本）[M]. 北京：民族出版社，2009 .

[15] 吴承旺 . 布依族农耕文化的自然地理条件和生产方式的历史演变[J]. 贵州民族研究，1993（4）：99-101 .

[16] 刘学洙 . 明清贵州沉重的军事负担[J]. 贵州师范大学学报（社会科学版），2001（4）：6 .

[17] 卢百可 . 屯堡人：起源、记忆、生存在中国的边疆[D]. 北京：中央民族大学，2010 .

[18] 王继红，罗康智 . 论明代贵州卫所建置的特点及其职能[J]. 贵州大学学报（社会科学版），2007，25（6）：59

[19] 王毓铨 . 明代的屯军[M]. 北京：中华书局，1965：92-93 .

[20] 杨胜勇 . 清朝经营贵州苗疆研究[D]. 北京：中央民族大学，2003 .

[21] 袁轶峰 . 清中期贵州的人口压力及相关问题[J]. 江西社会科学，2011（11）：146-150

[22] 贵州师范大学地理研究所，贵州省农业资源区划办公室 . 贵州省地表自然形态信息数据量测研究[M]. 贵阳：贵州科技出版社，2000 .

[23] 杨明德 . 贵州高原喀斯特地貌结构及其演化规律[A]// 喀斯特地貌与洞穴[C]. 北京：科学出版社，1985：22-29 .

[24] 陈寅恪 . 桃花源记旁证[J]. 清华大学学报（自然科学版），1936（1）：79-88 .

[25] 藤井明 . 聚落探访[M]. 北京：中国建筑工业出版社，2003：29-33 .

[26] 周政旭，封基铖 . 生存压力下的贵州少数民族山地聚落营建：以扁担山区为例[J]. 城市规划，2015（9）：74-81 .

[27] 罗建平 . 防御性与安顺屯堡聚落形态发展初探[J]. 华中建筑，2013，31（10）：142-146 .

[28] 范增如 . 史证安顺屯堡的两重性——兼谈安顺山坉并非屯军堡子[J]. 安顺师专学报，1995（3）：66-70 .

[29] 伍忠纲，伍凯锋 . 镇宁布依族[M]. 贵阳：贵州大学出版社，2014 .

（本章节选稿已刊载于《装饰》2016年第8期）

民居建筑研究

本章作者：周政旭，罗亚文

摘要：黔中白水河谷地区布依族聚落民居建筑在其发展过程中，形成鲜明的地域特色。研究旨在通过实地探勘、调查访谈、详细测绘等方式，系统归纳该地区布依民居建筑的特色。在分析聚落建筑的群体特征的基础上，通过多处民居实例总结出布依民居的基本形制，分析归纳其"上人下畜"的竖向空间格局、"一正两侧"一字形的平面布局、以及石材为主的立面形式以及木屋架承重的石木结构四方面的特点。以基本形制为基础，进一步考察布依民居形制发展情况，分析总结其平面、立面以及屋架系统的衍生体系。同时，还对建筑的细部与装饰进行归纳。本章最后总结布依民居建筑因地制宜、就地取材、可扩展性以及汲取外来文化不断演化的特点，力求为传承山地聚落、民居的人居智慧提供借鉴。

黔中地区是典型的喀斯特地貌集中区之一。区域内峰峦起伏，地形多变，北有乌蒙山屏障，南有云雾山诸峰，珠江水系之北盘江、南盘江、打邦河等蜿蜒于群山峡谷之中。江河流经的河谷地带，形成大小坝子，土地肥沃，宜于农耕，是贵州省的主要产粮区之一。[1]

白水河位于贵州省中部六盘水市、安顺市境内，是黄果树大瀑布的上游。在地形条件以及水流冲积的综合作用下，形成了上至六枝县城，下至黄果树瀑布的长约三十公里，宽约一公里的河谷平坝地带，形似"槽子"，因此当地常称该区域为"扁担山槽子"或"白水河槽子"。

素有"地无三尺平"之称的贵州，地形以山地和丘陵为主，可耕作的土地极其匮乏。可供耕作的土地是农耕民族定居与生存的基础，对于早期迁徙至贵州的少数民族祖先而言，合适的可供耕作的土地是定居与生存的最基本因素。[2]白水河谷地带平缓的地形、充沛的水源与肥厚的土壤，都使其成为黔中地区喀斯特山地地貌中耕作条件相对优越的区域。因此面对巨大生存压力，布依族祖先选择定居于此。经过世代的耕作与聚落营建，白水河谷地带成为黔中布依族聚落的主要聚居区，形成数十个不同规模的布依族村寨。据当地史志资料记载，该河谷地带素有布依族"四十八大寨"之说，此外还散布着若干小村寨。在白水河谷独特的喀斯特山水基底和布依族农耕文化的共同作用下，形成独具特色的布依族聚落总体。

笔者在对白水河谷地带的数十个布依族聚落进行调研的基础上，实地对高荡、革老坟、布依朗、孔马、关口、大洋溪、殷家庄、果寨等较集中地体现山地布依民族聚落特色的村寨进行了测绘，着重对其民居建筑进行探析。

6.1 聚落建筑群体特征

6.1.1 依山就势的有机布局

黔中地区绝大部分地形为山地和丘陵峡谷，喀斯特山地地表错综复杂，可耕作的土地极为匮乏，这些都成为少数民族定居发展的天然障碍。临近可耕作的土地，同时尽可能地避免水灾等自然灾害的影响，成为布依族聚落选址的关键考量因素。"最大程度上取自然之利，避自然之害，造就自己安居的乐土"。[3]因此，布依族聚落大多选址在依山傍水、背山面田的山脚或山腰地带。

聚落发展受到喀斯特山地地貌的影响和环境容量的制约，村寨的空间要素与自然地理有机结合，建筑布局呈现因地制宜、随山就势的有机性。聚落建筑群体在布局上的特征可以概括为以下三点：一是建筑群体布局基本上沿等高线自由布置；二是充分利用竖向空间，空间紧凑；三是群体立面层次丰富，正立面与山墙交错出现。通过建筑依山就势的有机布局，聚落建筑群体因山地高差的变化而展现出多重的空间层次和起伏有致的轮廓线条，穿插其间的街巷、陡坎和植物，进一步丰富聚落空间构成元素，呈现出与山地环境高度融合的建筑群体特征（图6-1）。

6.1.2 就地取材的石头村寨

布依族民居除木柱外，从基础到墙体都用石垒砌，屋顶也盖石板，布依语"干阑升"，意为石头房。[4]喀斯特山地的岩石，为民居建筑提供了地方化的建构材料，布依族人民就地取材，形成地域特征鲜明的石头建筑群体。

岩石是喀斯特山地聚落发展的重要资源支撑。水成岩（石灰岩、白云质灰岩）在贵州广泛分布，具有三个特点：（1）岩层外露；（2）材质硬度适中；（3）节理裂隙分层。[1]

图6-1　布依族聚落建筑群体

黔中地区尤其盛产可层层揭开的优质平整石板，十分便于整块或片状取用，因此当地人广泛将此石材运用于民居之中。

黔中布依族聚落最为显著的特色就是对于石材的充分运用，聚落内几乎所有空间界面都由石材构成，依据石材的特性，巧妙赋予其功用。石材筑造的民居建筑，形制相似，材料相仿，由于石材的形状和色彩不同，各个建筑又显示出独有的特色。同时，石材质朴而粗犷的特色，赋予布依石板房自然朴实、敦厚、稳固的气质。远眺村寨，层叠起伏的石板房与自然环境浑然一体，形象简朴；灰白色的墙体与深灰色的屋顶交错分布。灰色调的石材演绎出丰富的肌理与和谐的色彩变化。

6.2　民居建筑基本形制

经过世代的发展，黔中白水河谷地带布依族聚落的民居建筑已经发展成具有浓厚的地域性与民族性的建筑群体，受到环境和资源的限制，民居建筑的形制表现出较高的稳定性。在形制不同的建筑单体之中，可以清晰地辨识出民居建筑的基本形制。

6.2.1　竖向空间格局

布依族的民居建筑在竖向空间的利用方面，显示出对于山地地形的适应性。自下而上依次布置圈养牲畜空间、人的生活空间以及储藏空间，这是布依族建筑最基本的竖向空间格局。

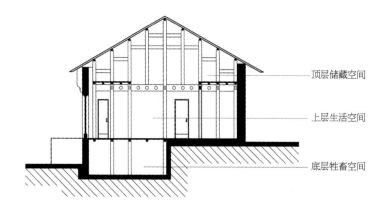

顶层储藏空间

上层生活空间

底层牲畜空间

图6-2　竖向空间格局

布依族民居一般沿等高线布置，在建造时多就地取材，通过挖山取石、筑台为基的方法，取得建筑材料，同时扩大基地空间。石板房多为干栏式或半边楼式楼房（前半部正面是楼，后半部背面是平房）。[5]房屋的上层一半直接立于修筑过的台地之上，一半则架空，利用地形高差形成底层空间。这样的处理方式，一方面减少土石方量，同时增大使用空间。

建筑单体一般分为三层，底层空间常常作为饲养牲畜或者存放农具、杂物、杂草的空间，下层的地坪一般低于室外地坪；上层是主要的人的生活空间；随着生产的发展和物质的丰富，在上层又额外增加一层，顶层阁楼一般作为储藏粮食的空间，在家族成员较多的情况下，顶层也作为居住空间，但不设置固定楼梯，通过梯子上下连接。"上人下畜"的竖向空间布局，清晰划分不同的功能空间，利于日常的生产生活（图6-2）。

6.2.2　平面基本布局形式

布依族民居建筑单体在平面布局上体现出明确的形制特点，一正两侧三开间的长方形平面，是布依建筑最基本、最普遍的平面布局形式。

建筑上层平面的主要布局形式与功能为：正厅分前后两间，前间空间较大，作为堂屋，后间烤火杂用或者做厨房，或用作老人卧室；两侧一般也分为前后两间，面积大致相同，前间作为卧室或起居室，后间则分别为卧室和厨房。

堂屋是整个民居建筑的核心空间，位于平面居中的位置，开间也大于两侧房屋，大致范围为3.0～4.2m。堂屋空间较为高大开敞，上部中央空间一般不做隔层，因此可以直接看到房屋的屋架结构。从功能上来看，堂屋是布依族供奉祖先的重要场所。作为家庭中最重要的活动空间，堂屋平日用以供奉祖先牌位和神像，在重大节日和招待贵客时才会在此用餐。堂屋也作为建筑空间的交通枢纽，作为穿堂联系宅院前后，两侧开门而联系两侧卧室及厨房，通过垂直交通联系上下。堂屋后侧空间多作为厨房使用，并且厨房向外开门，与宅后平台直接相连，这既有沟通交通的作用，同时是出于防御功能的需要，在遇到危险时可以及时从后门街巷逃脱。两侧房屋主要通过在堂屋开门进入，两侧的门一般对开，在平面布局上讲究对称与均衡。两侧前间一般都作为卧室使用，后间的功能比较灵活，可以作为卧室，或者用于放置农具、储藏杂物等，也可以做厨房使用，并且厨房多位于左侧的侧房后间，部分向外开门联系宅后空间。

建筑底层平面由于功能单一，布局十分简单，大致分为两种：一种是建筑前半部分底层全部架空，划分成两个空间单元，中间全部隔断或者半隔断；另一种是堂屋下部没有底层空间，两侧侧房下部形成底层空间。

建筑顶层平面的布局十分灵活，一般堂屋空间上方不设楼层，侧房均设置阁楼作为贮藏空间，也可根据需求自由布置空间，作为卧室使用。

"一正两侧"是白水河谷布依族民居建筑平面的基本布局形式，构成元素较为简单，空间划分相对灵活，体现出布依族民居建筑的实用性和适应性（图6-3）。

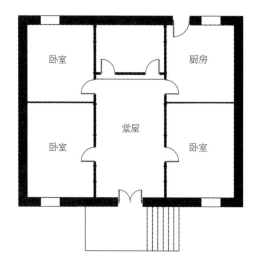

图6-3 平面基本布局形式

6.2.3 立面基本形式

白水河谷布依族聚落的民居建筑，以三开间为主，建筑体量较小，立面造型简单，通过石材的质感与纹理丰富造型，形成挺括粗犷、朴素自然的建筑形象。

（1）立面基本形式构成

从建筑立面结构来看，布依族建筑分为屋顶、墙体、地基三部分。屋顶一般为悬山，以薄石板铺砌，形成轻盈之感；墙体是立面的主要部分，一般以堂屋的大门为中轴，两边侧房各开一扇狭小的窗户，墙体用石块砌筑而成，墙体最外侧以石柱和龙口装饰；地基即为建筑底层，用长条形石块砌筑而成，中部有通向堂屋的台阶，台阶两侧各开一扇低矮的小门。这是白水河谷布依族民居建筑最基本的立面形式（图6-4）。

（2）立面基本构成要素

布依族民居建筑从立面构成要素来看，包含屋面、墙体、门窗、台阶四大要素（图6-5），其材质选择和砌筑方式充分体现出布依族民居在石材运用方面的智慧与技能。

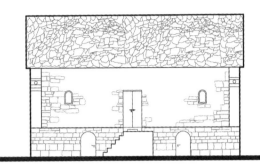

图6-4 立面基本形式构成

1) 屋面——屋顶多是悬山顶,屋面材质广泛使用层状的石片。一般将1.5~3cm厚的片石,搁置于经过处理的木椽子上,上下片石彼此搭接,片石规格有加工成50cm左右见方的规整方形[1],也有的采用未加工的多种规格自然石片,由匠人根据情况适当使用。屋顶为双坡面排水,坡度一般约为30°。从房檐到屋脊,片石层层铺砌,形成鱼鳞状的构图,自然朴素又富于美感。随着布依族经济的发展以及受汉族建筑的影响,部分布依族人家开始使用瓦片作为屋面材料,单独使用或与片石混合使用。自从开始运用瓦片,屋脊的装饰性也逐渐增强,布依族人开始用瓦片搭建屋脊造型。

2) 墙体——墙体根据所用石材形状和加工程度的不同大致分为三种:片石、块石及料石。片石墙的用料为未经处理的片石,得益于页岩的特性,其规格较为平整,厚度一般为3~10cm,通过片石叠砌,形成粗犷自然的片石墙。块石墙在布依族民居建筑中最为常见,较为坚固耐久,同时也具有一定的保温性能。对品质要求高的建筑,需要用精心凿平的料石进行砌筑。料石规格相似,表面平滑,可以直接砌筑成坚固美观的石墙,挺括的轮廓,统一的色泽,体现出布依族人的精湛的营造技艺。

3) 门窗——由于石墙墙体较厚,防御的性能突出,而不利于采光,因此开窗很小,窗户形式一般分为长方形、圆拱形、尖形拱。部分建筑在屋檐下方通常开3~6个小型方形气窗。门窗的造型由石块砌筑,大都十分简单朴拙。

4）台阶——多数沿底层墙面修筑，用长条形石块铺设。
台阶一般宽度为1.2～2m，踏步宽度20～40cm不等，踏步高度
15～30cm不等，多数家庭台阶尺度因材料而定，随机性较强。
部分宅前台阶下部留空处理，可做储物空间。

图6-5　立面基本构成要素（屋面、墙体、
门窗、台阶）

6.2.4　屋架结构

黔中白水河谷地带布依族民居大多采用石木结构，木构
屋架为承重体系，石墙只是围护结构，部分建筑的山墙也作
为承重结构。

建筑的屋架为穿斗式结构（图6-6）。屋架的立柱排列比

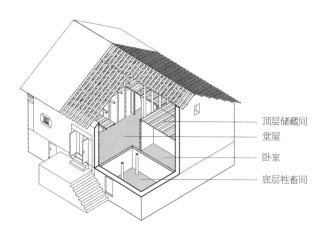

顶层储藏间
堂屋
卧室
底层牲畜间

图6-6　民居建筑基本形制

较密集，柱间距一般不超过1m，因此对立柱用料较小，柱径约为15cm，为了防潮通常立于石制的柱础之上。穿斗式屋架结构受力均匀，构架较多，片石屋顶重量适中，因此檩条和椽子用料也较小，木材直径约为10cm。

6.3 民居建筑衍生形制

民居建筑的形制受到地理环境、建造技能、生产生活方式和社会生产力水平等多方面因素的影响，随着布依族人民生产力的提高，对生活空间需求的提升，与外来文化的交流互动增加，民居建筑不断发展演进，以民居建筑的基本形制为基础，衍生出更为多样的建筑形制。

6.3.1 平面衍生布局形式

随着布依族经济的发展和家族成员的增多，基本的一正两侧布局形式已经无法满足部分家庭的需要。面对使用需求的增加，布依族人不断拓展平面的构成要素和布局形式，更好地满足生产生活需要。

（1）衍生构成要素

布依族民居在发展中衍生出的构成元素主要有三种：

1）堂屋凹进空间（吞口）——是布依族民居中堂屋向内凹进的部分，就好像被人吞了一口，因此被形象地称作"吞口"。吞口与楼梯平台一起组成外檐空间，形成一处方便交流与停留的灰空间。吞口进深一般约为0.6~1.2m。进深较浅的吞口作为单纯的灰空间使用，较深的吞口则通常设有通往两侧房的门，使吞口成为联系交通的空间。吞口的出现，突出堂屋的重要地位，加强整个建筑空间的有序性和对称性（图6-7上）。

2）山墙侧衍生空间——是附生在建筑山墙侧比较重要的辅助空间，常为单坡屋顶，一般进深和开间都小于正厅。作

堂屋凹进空间（无侧门）　高荡村伍国超宅

堂屋凹进空间（有侧门）　高荡村伍忠信宅

山墙侧衍生空间　孔马村韦绍福宅

后侧衍生空间　大洋溪村吴永新宅

图6-7　平面衍生构成要素

为建筑单体的次要空间，一般为后来加建，多用作卧室或储物间（图6-7左下）。

　　3）后侧衍生空间——是在建筑后侧等通过屋顶的延伸形成空间，形制较为灵活，随用地条件与功能需要附加披檐于正房结构之上，依附于正厅和两侧房，多用作厨房或杂物间（图6-7右下）。

（2）衍生布局形式

布依族民居根据地形、建筑规模不同，在平面基本布局形式的基础上逐渐衍生出较为复杂的形式，大致可分为五开间一字形、凹字形、口字形的布局形式。

1）五开间一字形——易于建造的一字形平面建筑是最主要的布局类型，随着布依族经济的发展，家族人口的不断增加，白水河谷地带的布依族民居可将三开间扩展为五开间。由于家庭成员组成情况不同，或者是建造时间不同，五开间一字形又由于房间排布序列不同形成两种布局形式：一种是一正两侧形式的扩展，在两侧房外侧各增加一间侧房；一种是一正两侧形式的重复，形成"侧房—堂屋—侧房—堂屋—侧房"的布局模式（图6-8上）。

2）凹字形（三合院）——由于基地空间的限制和使用需求的增加，在一字形布局形式的基础上进行扩展，在两侧房前面各增加一间房屋，形成"凹"字形的建筑平面布局形式。按开间分，常见的有三开间凹字形布局和五开间凹字形布局（图6-8中）。一般增加的房间用作卧室，从吞口空间进入。整个平面中间围合成院落空间。由于布依族建筑的建造场地比较局限，院落空间比较狭小，并且部分空间被通向堂屋的台阶占据，但是依然具有重要的作用，作为放置农具、处理柴草、劳作小憩的场地。凹字形的布局使建筑在有限的建筑基地内，争取到尽可能大的使用面积，这是显著的优势；然而，对于采光不甚良好的布依族石板房来说，侧房进深增大，侧房中部空间的采光更加无法保障。

3）口字形（四合院）——口字形的建筑布局在布依族村寨中十分少见，多是受附近汉族建筑的影响，并且只有在处于平坦地势的大户人家才能见到。革老坟村的四合院建筑，据说当时是专程从安顺请来汉族能工巧匠，精细布局建造，形成四合院的形制，并且大量采用汉族的装饰艺术（图6-8下）。口字形布局形成一个内向性较强的院落空间，通过廊道

高荡村伍沉虎宅

五开间一字形

革老坟村王玉宅

五开间一字形

高荡村伍泽鹏宅

三开间凹字形

殷家庄村罗启儒宅

五开间凹字形

革老坟村四合院

口字形

图6-8　平面衍生布局形式

和朝门与外界联通。口字形平面布局虽然形式较为封闭，但是布局也比较自由，不同于北方民居建筑有严格的轴线控制，更多的是基于地形和实用性所作的考虑。

6.3.2 立面衍生形式

从布依族的发展历程可以发现，作为具有包容性文化传统的民族，布依族逐渐受到了外来民族的影响，布依族的民俗文化也随着时代不断发生着变化。建筑作为物质生活和文化精神的载体，在布依族民居建筑的材料、形式、装饰等方面清晰展现出变化的轨迹。从建筑立面材料来分析，立面衍生形式大致有三类：

（1）木石结合——随着经济的发展和外来民族的影响，布依族人逐渐开始使用木材作为正立面的材料。墙面并不承重，一般用木板拼接而成，两柱之间布置门窗，木质材料的轻便性使开窗的尺度和数量都更为灵活，门窗的形式也不断精致化。在木构架的墙体下方，嵌入大块的、打磨平整的合硼石，作为墙面裙板使用。对于较为贫穷的家庭，由于木材相对难得，配合使用竹编材料，抹上一层黏土和牛粪的混合物，增加墙体的密闭性和保温性。木石材料相结合，使立面更为轻巧丰富，同时也促进吞口空间的形成，吞口增加立面的凹凸和阴影，进一步丰富立面造型（图6-9上）。

（2）木石分层——部分家庭由于建筑基地面积有限，同时使用面积要求较高，因此选择在竖向上争取空间，也就是增高顶层高度，满足储藏居住等要求，因此也出现一种特殊的立面形式，即中层及底层墙面用石块砌筑，顶层正立面墙面全部用木材。这样的立面设计，在保证顶层空间采光的同时，减轻建筑自重，节约木材用量（图6-9中）。

（3）木材为主——对于比较富有的家庭，正立面墙体全部使用木材，建造方法也更为精细。墙面用加工精良的木板拼接而成，木板采用暗红色的漆面，或者直接采用原木色。

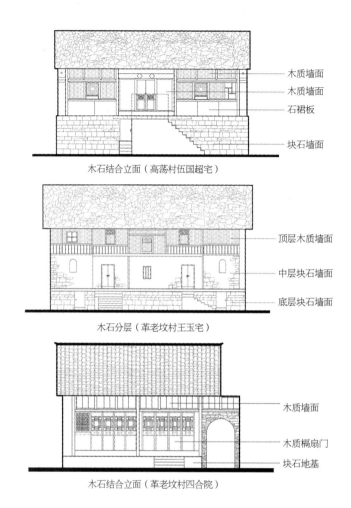

木石结合立面（高荡村伍国超宅）

木质墙面
木质墙面
石裙板
块石墙面

顶层木质墙面
中层块石墙面
底层块石墙面

木石分层（革老坟村王玉宅）

木质墙面
木质槅扇门
块石地基

木石结合立面（革老坟村四合院）

图6-9　立面衍生形式

门窗槅扇雕刻精致，但不过于繁复，整体造型典雅大方，显示出布依族人民在建筑造型与装饰上的艺术成就（图6-9下）。

　　布依族民居建筑在演变的过程中，立面材料得到拓展，布依族人考虑材料的性能、色彩、质感，运用构成法则将材料有机组织起来，使建筑体现出自然质朴的美感；立面构成元素更加丰富和精细，装饰性逐渐增强，在朴实的建筑形象中增添了精细典雅的气质，展现出布依文化独特的美学视角和布依族人精湛的手工技能。

6.3.3　屋架衍生类型

　　部分黔中布依族民居还在构造体系中采用了减柱法，自

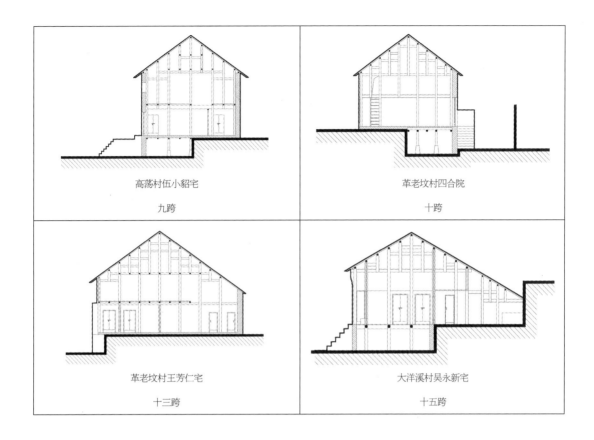

<table>
<tr><td>高荡村伍小貂宅</td><td>革老坟村四合院</td></tr>
<tr><td>九跨</td><td>十跨</td></tr>
<tr><td>革老坟村王芳仁宅</td><td>大洋溪村吴永新宅</td></tr>
<tr><td>十三跨</td><td>十五跨</td></tr>
</table>

图6-10 屋架衍生类型

中柱开始隔一柱而减柱[6]。减柱法既节约木料,同时方便开门,使室内空间布局更为灵活。

穿斗式木构架的结构基本相同,根据不同的房屋进深和结构,需要调整立柱的数量和其他构件的数量。民居建筑在形制上要求不严格,在基本的木结构基础上,常根据需要调整建筑构件的布置,比如立柱的数量、檩条的高低,结构体系在保证稳定的前提下,体现出十分自由灵活的特征。根据建筑立柱的数量和跨数,最常见的屋架是八跨,此外还有九跨、十跨、十三跨、十五跨等多种形式(图6-10)。

6.4 建筑细部与装饰

布依族民居建筑的细部装饰形式多样,内涵深厚,形象生动地展示出民俗文化的丰富多彩。布依族世代崇拜自然,因而民居装饰艺术也多取材于自然，同时也从蜡染等艺术形式中汲取要素，发展成民族风格独特的装饰体系，简约朴实，典雅大方。布依族的建筑装饰主要表现在屋脊、门窗、龙口、石裙板、柱础等建筑构件上（图6-11），从材料看大概分为木作和石作两大类。

屋脊——对于石头建造的布依族建筑，如何使建筑形象不显得粗糙笨重，屋脊起到重要的美学作用。屋脊可用片石堆叠，亦可用小青瓦铺砌，两侧适当升起，中央还可形成一定的花纹样式。

门窗——木质槅扇窗造型多样，题材丰富，窗框多为方形或正方形，窗棂格有横向、斜向、方格网、回字网，雕刻稻谷、花朵、枝条等纹样，不同元素的组合形成精美典雅的窗格形式。白水河谷的布依族民居中有雕刻精致的四扇槅扇门，槅扇门一般上部为方格状的棂格配以题材多样的雕花图案，是整个门的装饰重点；下部为门板肚，以简洁的线条装饰。布依族民居中还有一种特色的腰门，门扇上部用棂格和纹理装饰。

龙口——龙口是指在山墙的挑檐处凸出部分的上端，雕刻简洁的曲线线条，象征龙口，并且雕凿出半球的形状，象征龙口衔珠，反映出布依族人祈求祥瑞的愿望。

石裙板——大块的合硼石做立面裙板，上面雕刻一系列动植物的形象，组成浮雕墙面，给朴素的石板增添生动的画面，丰富立面的细节。

柱础——贵州地区气候潮湿，木结构的构件需要防潮处理，最常见的就是立于石块之上，也就是制作石头柱础棱锥体，柱础的形状有长方体、圆柱体、棱锥体及其变体，上面雕刻网格纹案及植物图案。

图6-11 细部装饰

6.5 结论

　　黔中白水河谷地带布依族聚落民居建筑在其发展过程中，形成鲜明的地域特色，体现出喀斯特山地环境下的人居智慧。白水河谷地带具有典型的喀斯特山地地貌，成为布依族建筑形成的环境基础。布依族民居建筑因地制宜，充分利用山地特点营造竖向空间。同时，白水河谷地带的布依族聚落就地取材，广泛利用当地石材，依据石材的特性，砌筑成不同的建筑界面，赋予布依族石板房朴素粗犷的建筑形象，和谐地融入自然的山地环境中。

　　通过调研分析，发现白水河谷地区布依族民居存在明显的基本形制。在竖向上表现为下层饲养牲畜、中层居住、顶层（阁楼）储物的功能划分；平面上体现为主要是一正两侧三开间长方形平面；同时，穿斗式木构架为其基本结构体系，石材构成其主要的围护体系。

　　面对使用需求的日益增加和环境资源的局限，布依族民居不断在基本形制的基础上形成衍生类型，扩展一正两侧的平面布局，增加使用面积；面对木材缺乏的资源限制，采用减柱法优化屋架结构。布依族民居在平面、结构等方面都表现出较强的可扩展性，体现民居建筑的灵活性和实用性。此外，布依族民居建筑在适应自身发展的过程中，不断受到外来文化和外来营建技术的影响，并从中汲取经验，丰富建筑形象，完善建筑体系。

白水河谷地带布依族聚落的民居建筑在其不断发展的时空过程中，不仅仅是为满足生存需要而营建的物质构造，也是承载居民日常生活、地域生存智慧、民族文化信仰的精神空间。

参考文献

[1] 罗德启. 贵州民居[M]. 北京：中国建筑工业出版社，2008：174.

[2] 周政旭，封基铖. 生存压力下的贵州少数民族山地聚落营建：以扁担山区为例[J]. 城市规划，2015（09）：74-81.

[3] 吴良镛. 广义建筑学[M]. 北京：清华大学出版社，2011.

[4] 陆元鼎，杨谷生. 中国民居建筑[M]. 广州：华南理工大学出版社，2004：1080.

[5] 白一凡，吕爱民. 贵州布依族石板房的生态性分析[J]. 华中建筑，2009，27（11）：150-152.

[6] 夏勇. 贵州布依族传统聚落与建筑研究——以开阳马头寨、兴义南龙古寨和花溪镇山村为例[D]. 重庆：重庆大学建筑城规学院，2015：103.

[7] 杨俊. 布依族村寨乡村景观发展变迁研究[D]. 重庆：西南大学，2007.

[8] 马启忠，王德龙. 布依族文化研究[M]. 贵阳：贵州民族出版社，1998.

[9] 彭一刚. 传统村镇聚落景观分析[M]. 北京：中国建筑工业出版社，1992.

[10] 伍忠纲，伍凯锋. 镇宁布依族[M]. 贵阳：贵州大学出版社，2014.

[11] 吴承旺. 布依族农耕文化的自然地理条件和生产方式的历史演变[J]. 贵州民族研究，1993（4）：99-101.

[12] 吴良镛. 山地人居环境浅议[J]. 西部人居环境学刊，2014（4）：1-3.

[13] 赵万民. 论山地城乡规划研究的科学内涵——中国城市规划学会"山地城乡规划学术委员会"启动会学术呈述[J]. 西部人居环境学刊，2014（4）：4-8.

[14] 杨宇振. 中国西南地域建筑文化研究[D]. 重庆：重庆大学，2002.

[15] 周政旭. 贵州少数民族聚落及建筑研究综述[J]. 广西民族大学学报，2012（07）.

（本章已刊载于《西部人居环境学刊》2016年第5期）

后　记

　　2008年，刚进入吴良镛先生门下攻读博士学位不久，先生带领我们几位刚进入研究阶段的"小学生"赴西南某地调研。临近尾声，我们几位还想在调研结束之后，结伴去河谷更上游的地方探索一番，但又顾虑于旅途安全、日程安排等。正在踌躇之际，先生知道了我们的想法，特意晚上召集开会，给我们讲了他年轻时的故事，其中一句至今记忆犹新："腿脚长在自己身上，趁年轻时候就要多去看看。"后来，沿途峡谷的自然格局、城镇村庄、史前聚落遗址等都留下了深刻的印象。此后没多久，该地区发生了罕见大地震。我们除了为生灵涂炭而万分悲痛之外，还倍感遗憾于当时为什么没有更多看一些地方，多记录一些东西。

　　此后，在吴良镛先生的指导下以贵州为对象开展相关研究。多次调研中逐渐领略到贵州各地少数民族聚落的美好，先生又鼓励我对此开展深入研究。2013年获得博士学位后，吴先生多方联系，促成了清华大学建筑与城市研究所、贵州省住房和城乡建设厅《贵州省"四在农家·美丽乡村"人居环境整治示范项目合作备忘录》的签署，本系列研究的开展即得益于该项合作搭建的平台。从选题到调研到写作过程，吴良镛先生每每悉心指导。先生的言传身教，无论是对治学的不懈追求，还是对我国城乡建设、传统文化的高度责任感，都深深感动并影响着我，并将使我终身受益。

　　2013年起，我在朱文一教授的指导下继续博士后研究工作。两年间，朱文一教授悉心教导、关怀备至，并且还亲自参与到贵州相关的实践与研究具体过程中，与朱老师每每长时间讨论之后，都感觉到收获。在整个研究过程中，建筑与城市研究所的吴唯佳、毛其智、左川、边兰春、武廷海、张悦、党安荣、刘健、于涛方、黄鹤、王英、赵亮等教授也提供了悉心的指导与诸多帮助。在此一并表示感谢。

　　贵州省住房和城乡建设厅、安顺市人民政府、安顺市住房和城乡建设局以及安顺市建筑设计院等多家单位对我们的工作给予了大力支持。尤其是张鹏、宋丽丽、毛家荣、陈好理、朱桂云、张乾飞、董立军、李顺安、胡杰、郭灏、熊杰、岑元林、程盟、曾宪民、石维国等同志。在此表示诚挚的谢意！

　　感谢北京林业大学的钱云老师，他帮忙协调多位同学时间，为我们组成研究团队并顺利开展研究工作提供了非常大的支持。

　　最主要地，感谢团队每位成员。是大家在河谷村寨半个月的摸爬滚打，以及回来持续一年的绘图与研究，才让这本不成熟的册子得以呈现在所有读者面前。

　　最后，感谢我的家人，尤其是妻子。是他们的付出，使我能安心工作于书中的这片天地。

周政旭

2018年4月